CARNASSIERS & RONGEURS

CARNASSIERS

ET

RONGEURS

PAR

M. MORIN

PARIS
LIBRAIRIE D'ÉDUCATION
GÉRANT : AMABLE RIGAUD, ÉDITEUR
33, Quai des Augustins, 33
1875

QUADRUPÈDES

CARNASSIERS ET RONGEURS

L'OUISTITI

SAGOUIN JACCHUS (LAC.) — JACCHUS VULGARIS (N.)

L'ouistiti n'a pas un demi-pied de longueur, le corps et la tête compris, et sa queue a plus d'un pied de long : elle est marquée, comme celle du mococo, par des anneaux alternativement noirs et blancs ; le poil en est plus long et plus fourni que celui du mococo. L'ouistiti a la face nue et d'une couleur de chair assez foncée ; il est coiffé fort singulièrement par deux toupets de longs poils blancs au devant des oreilles, en sorte que, quoiqu'elles soient grandes, on ne les voit pas en regardant l'animal en face. M. Edwards en a donné une bonne figure dans ses *Glanures*, il dit en avoir vu plusieurs, et que les plus gros ne pesaient guère que six onces, et les plus petits quatre onces et demie, que l'un de ceux qu'il a vus, et qui était des plus vigoureux, se nourrissait de plusieurs choses, comme de biscuits, de fruits, légumes, insectes, limaçons; et qu'un jour étant déchaîné, il se jeta sur un petit poisson doré de la Chine, qui était dans un bassin, qu'il le tua et le dévora avidement; qu'ensuite on lui donna de petites anguilles qui l'effrayèrent d'abord en s'entortillant autour de son cou, mais que bientôt il s'en rendit maître et les mangea.

ADDITION A L'ARTICLE DES SINGES

L'ORANG-OUTANG DU JARDIN DES PLANTES

« Nous avons eu, dit M. Flourens, un jeune orang-outang, au Jardin des Plantes. Il m'a étonné par son intelligence.

« Je fus un jour le visiter avec un illustre vieillard, observateur fin et profond. Un costume un peu singulier, une démarche lente et débile, un corps voûté, fixèrent, dès notre arrivée, l'attention du jeune animal. Il se prêta avec complaisance à tout ce qu'on exigea de lui, l'œil toujours attaché sur l'objet de sa curiosité. Nous allions nous retirer, lorsqu'il s'approcha de son nouveau visiteur, prit avec douceur et malice le bâton qu'il tenait à la main, et, feignant de s'appuyer dessus, courbant son dos, ralentisçant son pas, il fit ainsi le tour de la pièce où nous étions, imitant la pose et la marche de mon vieil ami. Il rapporta ensuite le bâton, de lui-même, nous le quittâmes, et nous vîmes que lui aussi savait observer [1]. »

LES SINGES ASTRONOMES

Dans le séjour que MM. de la Condamine et Bouguer firent au Pérou pour mesurer un degré de l'équateur, des singes privés examinèrent si bien comment ces académiciens faisaient leurs observations sur les montagnes, qu'on fut bien étonné, dans une comédie-pantomime exécutée par les singes, et où nos astronomes furent invités, de voir ces animaux planter des signaux, courir à une pendule, écrire, regarder les astres avec des lunettes, et imiter généralement tout ce qu'ils avaient vu faire aux deux savants Européens.

(Valmont de Bomare.)

LES SINGES PÊCHEURS

Quand les singes sont las du régime végétal, et veulent varier leurs mets, ils se rendent au bord de la mer, à la marée basse, et, dès qu'ils aperçoivent des huîtres, ils ont soin de jeter une petite pierre dans leur écaille qui alors ne peut plus se refermer. Ainsi ils viennent facilement à bout de l'animal. Ils attrapent aussi les crabes, en commençant d'abord par se faire prendre la queue dans leurs pinces. Mais ils n'endurent pas longtemps cette souffrance forcée, et tuent d'un seul coup de dent le crabe.

([illegible])

[1] *De l'Instinct et de l'Intelligence des Animaux.*

LE SINGE DE CHARLES-QUINT

Charles-Quint avait un singe qu'il aimait beaucoup. Cependant, un jour, il lui donna un soufflet au moment où, jouant aux échecs avec lui, il s'était laissé donner par l'animal échec et mat. Celui-ci s'en souvint bien, et, longtemps après, se trouvant sur le point de faire encore échec et mat à l'empereur, il eut soin tout d'abord de se couvrir soigneusement la joue avec un coussin qui était auprès de lui.

(A. B. MORIN.)

DE LA SOCIÉTÉ DES SINGES

Toutes les races de singes vivent en société. Ce sont des espèces de hordes, les unes composées d'une cinquantaine d'individus, les autres de plus de deux ou trois cents. Chacune a son chef remarquable par sa taille et un ton de supériorité décidée; il doit son rang à sa force et à son courage : l'habitude du respect et de la crainte m'a paru le lui conserver même dans la vieillesse. Ce chef marche au combat à la tête de sa peuplade, et contient tout dans le plus grand ordre : qu'il fasse un cri, un geste, ou une simple grimace, aussitôt il est obéi.

Les soins des mères pour leurs petits m'ont paru bien entendus. Elles semblaient se complaire à les voir folâtrer entre eux. Ils luttaient, se terrassaient, ou couraient les uns après les autres. Mais si, dans ces ébats enfantins, on se faisait du mal, aussitôt les guenuches s'élançaient en grondant, et, d'une main, les saisissant par la queue, les corrigeaient sévèrement.

(LE CHEVALIER D'OBSONVILLE.)

CHASSE AUX SINGES

Dans les endroits où croissent le poivre et le coco, les Indiens se servent de l'adresse des singes pour en recueillir ce qu'ils ne pourraient avoir sans leur secours. Ils montent sur les premières branches, ils en cassent les extrémités où est le fruit, l'arrangent par terre, comme par jeu, et se retirent. Les singes qui les ont examinés, viennent aussitôt après sur les mêmes arbres, les dépouillent jusqu'à la cime, et disposent ces branches comme ils l'ont vu faire aux Indiens ; ceux-ci reviennent pendant la nuit, et enlèvent la récolte. Les hommes se servent aussi de cet instinct imitateur qu'ont les singes, pour les prendre : les uns portent des coupes pleines d'eau ou de miel, s'en frottent le visage devant eux, et y substituent adroitement de la glu, puis ils se retirent : les singes, qui les ont vus de dessus un arbre ou un rocher, s'approchent de ces coupes pour faire de même. Mais ils s'aveuglent, et se mettent dans l'impossibilité de fuir. D'autres portent des bottes qu'ils mettent et ôtent plusieurs fois, et ils en laissent de petites enduites de glu. Quand ils sont retirés, les singes viennent pour les mettre ; ils ne peuvent guère les ôter ni éviter le chasseur. Quelquefois on porte encore des miroirs où l'on se regarde à différentes reprises, et l'on en laisse d'autres où il y a des ressorts qui, se relâchant, serrent dès qu'on les touche ; le singe vient prendre ces miroirs pour s'examiner, et aussitôt il se trouve les deux pattes de devant engagées, et hors d'état de faire un pas.

(Valmont de Bomare.)

PACHYDERMES[1]

LE PECARI OU LE TAJACU

SUS TAJASSU (L.) — DICOTYLE TORQUATUS ET LABIATUS (CUV.)

L'espèce du pecari est une des plus nombreuses et des plus remarquables parmi les animaux du Nouveau-Monde. Le pecari ressemble au premier coup d'œil à notre sanglier, ou plutôt au cochon de Siam, qui, comme nous l'avons dit, n'est, ainsi que notre cochon domestique, qu'une variété du sanglier ou cochon sauvage; aussi le pecari a-t-il été appelé *sanglier* ou *cochon d'Amérique:* cependant il est d'une espèce particulière. Il diffère du cochon par plusieurs caractères essentiels, tant à l'extérieur qu'à l'intérieur : il est de moindre corpulence et plus bas sur ses jambes; il a l'estomac et les intestins différemment conformés; il n'a point de queue; ses soies sont beaucoup plus rudes que celles du sanglier; et enfin il a sur le dos, près de la croupe, une fente de deux ou trois lignes de largeur, qui pénètre à plus d'un pouce de profondeur, par laquelle

[1] Le cochon, le sanglier et le cochon de Siam, précédemment décrits, appartiennent à cette famille.

suinte une humeur ichoreuse fort abondante et d'une odeur très-désagréable.

Le pecari pourrait devenir animal domestique comme le cochon ; il est à-peu près du même naturel ; il se nourrit des mêmes aliments : sa chair, quoique plus sèche et moins chargée de lard que celle du cochon, n'est pas mauvaise à manger.

Les pecaris sont très-nombreux dans tous les climats chauds de l'Amérique méridionale ; ils vont ordinairement par troupes, et sont quelquefois deux ou trois cents ensemble : ils ont le même instinct que les cochons pour se défendre, et même pour attaquer ceux surtout qui veulent ravir leurs petits; ils se secourent mutuellement, ils enveloppent leurs ennemis, et blessent souvent les chiens et les chasseurs. Dans leur pays natal ils occupent plutôt les montagnes que les lieux bas; ils ne cherchent pas les marais et la fange comme nos sangliers ; ils se tiennent dans les bois, où ils vivent de fruits sauvages, de racines, de graines : ils mangent aussi les serpents, les crapauds, les lézards, qu'ils écorchent auparavant avec leurs pieds. On les apprivoise, ou plutôt on les prive aisément en les prenant jeunes : ils perdent leur férocité naturelle, mais sans se dépouiller de leur grossièreté ; car ils ne connaissent personne et ne s'attachent point à ceux qui les soignent.

LE TAPIR

TAPIR AMERICANUS (L.)

C'est ici l'animal le plus grand de l'Amérique. Le tapir est de la grandeur d'une petite vache ou d'un zébu, mais sans cornes et sans queue; les jambes courtes; le corps arqué, comme celui du cochon; portant une livrée dans sa jeunesse, comme le cerf, et ensuite un pelage uniforme d'un brun foncé; la tête grosse et longue, avec une espèce de trompe, comme le rhinocéros; dix dents incisives et dix molaires à chaque mâchoire; caractère qui le sépare entièrement du genre des bœufs et des autres animaux ruminants, etc.

Il paraît que le tapir est un animal triste et ténébreux, qui ne sort que de nuit, qui ne se plaît que dans les eaux, où il habite plus souvent que sur la terre; il vit dans les marais, et ne s'éloigne guère du bord des fleuves ou des lacs : dès qu'il est menacé, poursuivi ou blessé, il se jette à l'eau, s'y plonge, et y demeure assez de temps pour faire un grand trajet avant de reparaître. Ces habitudes, qu'il a communes avec l'hippopotame, ont fait croire à quelques naturalistes qu'il était du même genre : mais il en diffère autant par la nature qu'il en est éloigné par le climat ; il ne faut, pour en être assuré, que comparer les descriptions que nous venons de citer avec celle que nous donnons de l'hippopotame. Quoique habitant des eaux, le tapir ne se nourrit pas de poisson ; et, quoiqu'il ait la gueule armée de vingt dents incisives et tranchantes, il n'est pas carnassier : il vit de plantes et de racines, et ne se sert point de ses armes contre les autres animaux ; il est d'un naturel doux, timide, et fuit tout combat, tout danger. Avec des jambes courtes et le corps massif, il ne laisse pas de courir assez vite, et il nage encore mieux qu'il ne court. Il marche ordinairement de compagnie, et quelquefois en grande troupe. Son cuir est d'un tissu très-ferme et si serré, que souvent il résiste à la balle. Sa chair est fade et grossière ; cependant les sauvages la mangent. On le trouve dans toute l'étendue de l'Amérique méridionale, depuis l'extrémité du Chili jusqu'à la Nouvelle-Espagne.

L'HIPPOPOTAME

HIPPOPOTAMUS AMPHIBIUS (L.)

L'hippopotame a la peau très-épaisse, très-dure, et elle est impénétrable, à moins qu'on ne la laisse longtemps tremper dans l'eau ; il n'a pas, comme le disent les anciens, la gueule d'une grandeur médiocre ; elle est au contraire énormément grande ; il n'a pas, comme ils le disent, les pieds divisés en deux ongles, mais en quatre ; il n'est pas grand comme un âne, mais beaucoup plus grand que le plus grand cheval ou le plus gros buffle ; il n'a pas la queue comme celle du cochon, mais plutôt comme celle de la tortue, sinon qu'elle est incomparablement plus grosse; il n'a pas le museau ou le nez relevé en haut, il l'a semblable au buffle, mais beaucoup plus grand; il n'a pas de crinière comme le cheval, mais seulement quelques poils courts et très-rares; il ne hennit pas comme le cheval, mais sa voix est moyenne entre le mugissement du buffle et le hennissement du cheval; on peut présumer que ce seul rapport de la ressemblance de la voix a suffi pour lui faire donner le nom d'*hippopotame*, qui veut dire *cheval de rivière.* Les dents incisives de l'hippopotame, et surtout les deux canines dans la mâchoire inférieure, sont très-longues, très-fortes, et d'une substance si dure, qu'elle fait feu contre le fer: c'est vraisemblablement ce qui a donné lieu à la fable des anciens, qui ont débité que l'hippopotame vomissait le feu par la gueule. Les plus grandes incisives et canines ont jusqu'à douze et même seize pouces de longueur, et pèsent quelquefois douze ou treize livres chacune.

Avec d'aussi puissantes armes et une force prodigieuse de corps, l'hippopotame pourrait se rendre redoutable à tous les animaux; mais il est naturellement doux: il est d'ailleurs si pesant et si lent à la course, qu'il ne pourrait attraper aucun des quadrupèdes. Il nage plus vite qu'il ne court; il chasse le poisson et en fait sa proie. Il se plaît dans l'eau, et y séjourne aussi volontiers que sur la terre: cependant il n'a pas, comme le castor ou la loutre, des membranes entre les doigts des pieds, et il paraît qu'il ne nage aisément que par la grande capacité de son ventre, qui fait que, volume pour volume, il est à peu près d'un poids égal à l'eau. D'ailleurs il se tient longtemps au fond de l'eau, et y marche comme en plein air, et lorsqu'il en sort pour paître, il mange des cannes à sucre, des joncs, du millet, du riz, des racines, etc.; il en consomme et détruit une grande quantité, et il fait beaucoup de dommage dans les terres cultivées; mais, comme il est plus timide sur terre que dans l'eau, on vient aisément à bout de l'écarter · il a les jambes si courtes, qu'il ne pourrait

échapper par la fuite, s'il s'éloignait du bord des eaux; sa ressource, lorsqu'il est en danger, est de se jeter à l'eau, de s'y plonger, et de faire un grand trajet avant de reparaître. Il fuit ordinairement lorsqu'on le chasse; mais, si l'on vient à le blesser, il s'irrite, et, se retournant avec fureur, se lance contre les barques, les saisit avec les dents, en enlève souvent des pièces, et quelquefois les submerge.

Au reste, cet animal n'est en grand nombre que dans quelques endroits, et il paraît même que l'espèce en est confinée à des climats particuliers, et qu'elle ne se trouve guère que dans les fleuves de l'Afrique.

ADDITION A L'ARTICLE DE L'HIPPOPOTAME

En Afrique et aux Indes bien des personnes portent, attachés à un cordon, des morceaux de dents d'hippopotame, prétendant par là se mettre à l'abri d'un grand nombre de maladies, entre autres : de la crampe, des hémorragies. En Europe les dentistes estiment beaucoup les dents de cet animal, dont l'ivoire, dur et transparent, ne jaunit jamais.

La peau de l'hippopotame, séchée et étendue avec soin, sert à faire des boucliers, des cuirasses ; elle est parfaitement à l'épreuve des flèches, des coups d'épée, et même des balles de fusil.

(A. B. MORIN.)

L'ELÉPHANT

ELEPHAS MAXIMUS (L.)

L'éléphant surpasse tous les animaux terrestres en grandeur, et il approche de l'homme par l'intelligence, autant au moins que la matière peut approcher de l'esprit.

Dans l'état sauvage, l'éléphant n'est ni sanguinaire ni féroce : il est d'un naturel doux, et jamais il ne fait abus de ses armes ou de sa force ; il ne les emploie, il ne les exerce que pour se défendre lui-même ou pour protéger ses semblables. Il a les mœurs sociales; on le voit rarement errant ou solitaire. Il marche ordinairement de compagnie : le plus âgé conduit la troupe; le second d'âge la fait aller et marche le dernier; les jeunes et les faibles sont au milieu des autres; les mères portent leurs petits et les tiennent embrassés de leur trompe. Ils ne gardent cet ordre que dans les marches périlleuses, lorsqu'ils vont paître sur des terres cultivées; ils se promènent ou voyagent avec

moins de précautions dans les forêts et dans les solitudes, sans cependant se séparer absolument ni même s'écarter assez loin pour être hors de portée des secours et des avertissements : il y en a néanmoins quelques-uns qui s'égarent ou qui traînent après les autres, et ce sont les seuls que les chasseurs osent attaquer; car il faudrait une petite armée pour assaillir la troupe entière, et l'on ne pourrait la vaincre sans perdre beaucoup de monde : il serait même dangereux de leur faire la moindre injure; ils vont droit à l'offenseur; et, quoique la masse de leur corps soit très-pesante, leur pas est si grand, qu'ils atteignent aisément l'homme le plus léger à la course; ils le percent de leurs défenses, ou le saisissent avec la trompe, le lancent comme une pierre, et achèvent de le tuer en le foulant aux pieds. Les anciens ont écrit que les éléphants arrachent l'herbe des endroits où le chasseur a passé, et qu'ils se la donnent de main en main, pour que tous soient informés du passage et de la marche de l'ennemi. Ces animaux aiment le bord des fleuves, les profondes vallées, les lieux ombragés et les terrains humides; ils ne peuvent se passer d'eau et la troublent avant que de la boire : ils en remplissent souvent leur trompe, soit pour la porter à leur bouche, ou seulement pour se rafraîchir le nez et s'amuser en la répandant à flot ou l'aspergeant à la ronde. Ils ne peuvent supporter le froid, et souffrent aussi de l'excès de la chaleur : car, pour éviter la trop grande ardeur du soleil, ils s'enfoncent autant qu'ils peuvent dans la profondeur des forêts les plus sombres; ils se mettent aussi assez souvent dans l'eau : le volume énorme de leur corps leur nuit moins qu'il ne leur aide à nager ; ils enfoncent moins dans l'eau que les autres animaux; et d'ailleurs la longueur de leur trompe, qu'ils redressent en haut, et par laquelle ils respirent, leur ôte toute crainte d'être submergés.

Leurs aliments ordinaires sont des racines, des herbes, des feuilles et du bois tendre; ils mangent aussi des fruits et des grains : mais ils dédaignent la chair et le poisson. Lorsque l'un d'entre eux trouve quelque part un pâturage abondant, il appelle les autres et les invite à venir manger avec lui. Les Indiens et les nègres cherchent tous les moyens de prévenir leur visite et de les détourner, en faisant de grands bruits, de grands feux autour de leurs terres cultivées. Il est difficile de les épouvanter, et ils ne sont guère susceptibles de crainte; la seule chose qui les surprenne et puisse les arrêter sont les feux d'artifice, les pétards qu'on leur lance, et dont l'effet subit et promptement renouvelé les saisit et leur fait quelquefois rebrousser chemin.

On vient à bout de dompter l'éléphant, de le soumettre, de l'instruire; et, comme il est plus fort et plus intelligent qu'un autre, il sert plus à propos, plus puissamment et plus utilement : mais le dégoût de sa situation lui reste au fond du cœur. Il s'indigne, il s'irrite, il devient insensé, violent, et l'on a besoin des chaînes les plus fortes et d'entraves de toute espèce pour arrêter ses mouvements et briser sa colère. Il diffère donc de tous les animaux domestiques que l'homme traite ou manie comme des êtres sans volonté.

L'éléphant une fois dompté devient le plus doux, le plus obéissant de tous les animaux; il s'attache à celui qui le soigne, il le caresse, le prévient, et semble deviner tout ce qui peut lui plaire : en peu de temps il vient à comprendre les signes et même à entendre l'expression des sons; il distingue le ton impératif, celui de la colère ou de la satisfaction, et il agit en conséquence. Il ne se trompe point à la parole de son maître; il reçoit ses ordres avec attention, les exécute avec prudence, avec empressement, sans précipitation : car ses mouvements sont toujours mesurés, et son caractère paraît tenir de la gravité de sa masse. On lui apprend aisément à fléchir les genoux pour donner plus de facilité à ceux qui veulent le monter; il caresse ses amis avec sa trompe, en salue les gens qu'on lui fait remarquer ; il s'en sert pour enlever des fardeaux, et aide lui-même à se charger. Il se laisse vêtir, et semble prendre plaisir à se voir couvert de harnais dorés et de housses brillantes. On l'attelle, on l'attache par des traits à des chariots, des charrues, des navires, des cabestans ; il tire également, continûment et sans se rebuter, pourvu qu'on ne l'insulte pas par des coups donnés mal à propos, et qu'on ait l'air de lui savoir gré de la bonne volonté avec laquelle il emploie ses forces. Celui qui le conduit ordinairement est monté sur son cou, et se sert d'une verge de fer, dont l'extrémité fait le crochet, ou qui est armée d'un poinçon, avec lequel on le pique sur la tête, à côté des oreilles, pour l'avertir, le détourner ou le presser ; mais souvent la parole suffit, surtout s'il a eu le temps de faire connaissance complète avec son conducteur, et de prendre en lui une entière confiance : son attachement devient quelquefois si fort, si durable, et son affection si profonde, qu'il refuse ordinairement de servir sous tout autre, et qu'on l'a vu quelquefois mourir de regret d'avoir, dans un accès de colère, tué son gouverneur.

L'espèce de l'éléphant ne laisse pas d'être nombreuse ; la durée de la vie compense le petit nombre ; on assure qu'il vit deux siècles : d'ailleurs, n'ayant rien à craindre des autres animaux, et les hommes même ne les prenant qu'avec beaucoup de peine, l'espèce se soutient et se trouve généralement répandue dans tous les pays méridionaux de l'Afrique et de l'Asie.

De temps immémorial les Indiens se sont servis d'éléphants à la guerre : chez ces nations mal disciplinées, c'était la meilleure troupe de l'armée, et, tant que l'on n'a combattu qu'avec le fer, celle qui décidait ordinairement du sort des batailles. Maintenant que le feu est devenu l'élément de la guerre et le principal instrument de la mort, les éléphants, qui en craignent et le bruit et la flamme, seraient plus embarrassants, plus dangereux, qu'utiles dans nos combats.

Les éléphants sont actuellement plus nombreux en Afrique qu'en Asie; ils y sont aussi moins défiants, moins sauvages, moins retirés dans les solitudes : il semble qu'ils connaissent l'impéritie et le peu de puissance des hommes auxquels ils ont affaire dans cette partie du monde; ils viennent tous les jours et sans aucune crainte jusqu'à leurs habitations.

La force de ces animaux est proportionnelle à leur grandeur ; les éléphants des Indes portent aisément trois ou quatre milliers; les plus petits, c'est-à-dire ceux d'Afrique, enlèvent librement un poids de deux cents livres avec leur trompe, et le placent eux-mêmes sur leurs épaules; ils prennent dans cette trompe une grande quantité d'eau qu'ils rejettent en haut ou à la ronde, à une ou deux toises de distance; ils peuvent porter plus d'un millier pesant sur leurs défenses : la trompe leur sert à casser les branches des arbres, et les défenses à arracher les arbres mêmes. On peut encore juger de leur force par la vitesse de leur mouvement, comparée à la masse de leur corps : ils font au pas ordinaire à peu près autant de chemin qu'un cheval en fait au petit trot, et autant qu'un cheval au galop lorsqu'ils courent; ce qui, dans l'état de liberté, ne leur arrive guère que quand ils sont animés de colère ou poussés par la crainte. On mène ordinairement au pas les éléphants domestiques : ils font aisément et sans fatigue quinze ou vingt lieues par jour; et, quand on veut les presser, ils peuvent en faire trente-cinq ou quarante. On les entend marcher de très-loin.

Un éléphant domestique rend peut-être à son maître plus de services que cinq ou six chevaux : mais il lui faut du foin et une nourriture abondante et choisie; il coûte environ quatre francs ou cent sous par jour à nourrir.

Lorsque l'éléphant est bien soigné, il vit longtemps, quoiqu'en captivité; et l'on doit présumer que dans l'état de liberté sa vie est encore plus longue. Quelques auteurs ont écrit qu'il vivait quatre ou cinq cents ans; d'autres, deux ou trois cents; et d'autres enfin, cent vingt, cent trente ou cent cinquante ans. Je crois que le terme moyen est le vrai, et que, si l'on s'est assuré que des éléphants captifs vivent cent vingt ou cent trente ans, ceux qui sont libres et qui jouissent de toutes les aisances de la vie doivent vivre ou moins deux cents ans. Au reste, la captivité abrége moins leur vie que la disconvenance du climat; quelque soin qu'on en prenne, l'éléphant ne vit pas longtemps dans les pays tempérés, et encore moins dans les climats froids.

La couleur ordinaire des éléphants est d'un gris cendré ou noirâtre : les blancs, comme nous l'avons dit, sont extrêmement rares; et l'on cite ceux qu'on a vus en différents temps dans quelques endroits des Indes, où il s'en trouve aussi quelques-uns qui sont roux; et ces éléphants blancs et rouges sont très-estimés.

L'éléphant a les yeux très-petits relativement au volume

de son corps, mais ils sont brillants et spirituels; et ce qui les distingue de ceux de tous les autres animaux, c'est l'expression pathétique du sentiment et la conduite presque réfléchie de tous leurs mouvements.

De tous les instruments dont la nature a si libéralement muni ses productions chéries, la trompe est peut-être le plus complet et le plus admirable.

Quoique l'éléphant ait plus de mémoire et plus d'intelligence qu'aucun des animaux, il a cependant le cerveau plus petit que la plupart d'entre eux, relativement au volume de son corps. L'éléphant est en même temps un miracle d'intelligence et un monstre de matière : le corps très-épais et sans aucune souplesse, le cou court et presque inflexible, la tête petite et difforme, les oreilles excessives et le nez encore plus excessif; les yeux trop petits, ainsi que la gueule; les jambes massives, droites et peu flexibles; le pied si court et si petit, qu'il paraît être nul; la peau dure, épaisse et calleuse.

Il résulte pour l'animal plusieurs inconvénients de cette conformation bizarre : il peut à peine tourner la tête; il ne peut se tourner lui-même, pour rétrograder, qu'en faisant un circuit. Les chasseurs qui l'attaquent par derrière ou par le flanc évitent les effets de sa vengeance par des mouvements circulaires; ils ont le temps de lui porter de nouvelles atteintes pendant qu'il fait effort pour se tourner contre eux. Les jambes, dont la rigidité n'est pas aussi grande que celle du cou et du corps, ne fléchissent néanmoins que lentement et difficilement; elles sont fortement articulées avec les cuisses. Il a le genou comme l'homme et le pied aussi bas; mais ce pied, sans étendue, est aussi sans ressort et sans force, et le genou est dur et sans souplesse : cependant, tant que l'éléphant est jeune, et qu'il se porte bien, il le fléchit pour se coucher, pour se laisser ou monter ou charger; mais, dès qu'il est vieux ou malade, ce mouvement devient si difficile, qu'il aime mieux dormir debout, et que, si on le fait coucher par force, il faut ensuite des machines pour le relever et le remettre en pied. Ses défenses, qui deviennent avec l'âge d'un poids énorme, n'étant pas situées dans une position verticale, comme les cornes des autres animaux, forment

deux longs leviers, qui, dans cette direction horizontale, fatiguent prodigieusement la tête et la tirent en bas; en sorte que l'animal est quelquefois obligé de faire des trous dans le mur de sa loge pour les soutenir et se soulager de leur poids. Il a le désavantage d'avoir l'organe de l'odorat très-éloigné de celui du goût, l'incommodité de ne pouvoir rien saisir à terre avec sa bouche.

Le cri de l'éléphant se fait entendre de plus d'une lieue, et cependant il n'est pas effrayant comme le rugissement du tigre ou du lion.

L'éléphant est encore singulier par la conformation des

pieds et par la texture de la peau : il n'est pas revêtu de poil comme les autres quadrupèdes; sa peau est tout à fait rase; il en sort seulement quelques soies dans les gerçures, et ces soies sont très-clair-semées sur le corps, mais assez nombreuses aux cils des paupières, au derrière de la tête, dans les trous des oreilles et au dedans des cuisses et des jambes.

La piqûre des mouches se fait si bien sentir à l'éléphant, qu'il emploie non-seulement ses mouvements naturels, mais même les ressources de son intelligence pour s'en délivrer; il se sert de sa queue, de ses oreilles, de sa trompe pour les frapper, il fronce sa peau partout où elle peut se contracter, et les écrase entre ses rides; il prend des branches d'arbres, des rameaux, des poignées de longue paille pour les chasser; et, lorsque tout cela lui manque, il ramasse de la poussière avec sa trompe, et en couvre tous les endroits sensibles : on l'a vu se poudrer ainsi plusieurs fois par jour, et se poudrer à propos, c'est-à-dire en sortant du bain. L'usage de l'eau est presque aussi nécessaire à ces animaux que celui de l'air et de la terre : lorsqu'ils sont libres, ils quittent rarement le bord des rivières, ils se mettent souvent dans l'eau jusqu'au ventre, et ils y passent quelques heures tous les jours.

Les oreilles de l'éléphant sont très-longues, il s'en sert comme d'un éventail; il les fait remuer et claquer comme il lui plaît. Sa queue n'est pas plus longue que l'oreille, et n'a ordinairement que deux pieds et demi ou trois pieds de longueur : elle est assez menue, pointue, et garnie à l'extrémité d'une houppe de gros poils ou plutôt de filets de corne noirs luisants et solides; ce poil ou cette corne est de la grosseur et de la force d'un gros fil de fer, et un homme ne peut le casser en le tirant avec les mains, quoiqu'il soit élastique et pliant. Au reste, cette houppe de poils est un ornement très-recherché des négresses, qui y attachent apparemment quelque superstition : une queue d'éléphant se vend quelquefois deux ou trois esclaves, et les nègres hasardent souvent leur vie pour tâcher de la couper et de l'enlever à l'animal vivant.

Le climat, la nourriture et la condition influent beaucoup sur l'accroissement et la grandeur de l'éléphant : en général, ceux qui sont pris jeunes et réduits à cet âge en captivité n'arrivent jamais aux dimensions entières de la nature. Les plus grands éléphants des Indes et des côtes orientales de l'Afrique ont quatorze pieds de hauteur ; les plus petits, qui se trouvent au Sénégal et dans les autres parties de l'Afrique occidentale, n'ont que dix ou onze pieds, et tous ceux qu'on a amenés jeunes en Europe ne se sont pas élevés à cette hauteur. L'éléphant nage très-bien, quoique la forme de ses jambes et de ses pieds paraisse indiquer le contraire : mais comme la capacité de la poitrine et du ventre est très-grande, que le volume des poumons et des intestins est énorme, et que toutes ces grandes parties sont remplies d'air ou de matières plus légères que l'eau, il enfonce moins qu'un autre. Aussi s'en sert-on très-utilement pour le passage des rivières : outre deux pièces de canon de trois ou quatre livres de balle, dont on le charge dans ces occasions, on lui met encore sur le corps une infinité d'équipages, indépendamment de quantité de personnes qui s'attachent à ses oreilles et à sa queue pour passer l'eau ; lorsqu'il est ainsi chargé, il nage entre deux eaux, et on ne lui voit que la trompe, qu'il tient élevée pour respirer.

Quoique l'éléphant ne se nourrisse ordinairement que d'herbes et de bois tendre, et qu'il lui faille un prodigieux volume de cette espèce d'aliment pour pouvoir en tirer la quantité de molécules organiques nécessaires à la nutrition d'un aussi vaste corps, il n'a cependant pas plusieurs estomacs, comme la plupart des animaux qui se nourrissent de même; il n'a qu'un estomac : il ne rumine pas; il est plutôt conformé comme le cheval que comme le bœuf ou les autres animaux ruminants. Quelque grand que soit l'appétit de l'éléphant, il mange avec modération, et son goût pour la propreté l'emporte sur le sentiment du besoin; son adresse à séparer avec sa trompe les bonnes feuilles d'avec les mauvaises, et le soin qu'il a de les bien secouer pour qu'il n'y reste point d'insectes ni de sable, sont des choses agréables à voir. Il aime beaucoup le vin, les liqueurs spiritueuses, l'eau-de-vie, l'arack, etc.

Il est dangereux de manquer parole à l'éléphant; plus d'un cornac en a été la victime. Il s'est passé à ce sujet, dans le Dékan, un trait qui mérite d'être rapporté, et qui, tout incroyable qu'il paraît, est cependant exactement vrai. Un éléphant venait de se venger de son cornac en le tuant; sa femme, témoin de ce spectacle, prit ses deux enfants, et les jeta aux pieds de l'animal encore tout furieux, en lui disant : *Puisque tu as tué mon mari, ôte-moi aussi la vie, ainsi qu'à mes enfants.* L'éléphant s'arrêta tout court, s'adoucit, et, comme s'il eût été touché de regret, prit avec sa trompe le plus grand de ces deux enfants, le mit sur son cou, l'adopta pour son cornac, et n'en voulut point souffrir d'autre.

Si l'éléphant est vindicatif, il n'est pas moins reconnaissant. Un soldat de Pondichéry, qui avait coutume de porter à un de ces animaux une certaine mesure d'arack chaque fois qu'il touchait son prêt, ayant un jour bu plus que de raison, et se voyant poursuivi par la garde, qui le voulait conduire en prison, se réfugia sous l'éléphant et s'y endormit. Ce fut en vain que la garde tenta de l'arracher de cet asile; l'éléphant le défendit avec sa trompe. Le lendemain le soldat, revenu de son ivresse, frémit à son réveil de se trouver couché sous un animal d'une grosseur si énorme. L'éléphant, qui sans doute s'aperçut de son effroi, le caressa avec sa trompe pour le rassurer, et lui fit entendre qu'il pouvait s'en aller.

MM. de l'Académie des sciences nous ont laissé quelques faits qu'ils avaient appris de ceux qui gouvernaient l'éléphant à la ménagerie de Versailles, et ces faits me paraissent aussi mériter de trouver place ici. « L'éléphant semblait connaître quand on se moquait de lui, et s'en souvenir pour s'en venger quand il en trouvait l'occasion. A un homme qui l'avait trompé, faisant semblant de jeter quelque chose dans la gueule, il lui donna un coup de sa trompe qui le renversa et lui rompit deux côtes, ensuite de quoi il le foula aux pieds et lui rompit une jambe, et s'étant agenouillé, lui voulut enfoncer ses défenses dans le ventre, lesquelles n'entrèrent que dans la terre aux deux côtés de la cuisse, qui ne fut point blessée. Il écrasa un autre homme, le froissant contre la muraille, pour le même sujet.

qui se servait ordinairement bien moins de sa force que de son adresse, laquelle était telle, qu'il s'ôtait avec beaucoup de facilité une grosse double courroie dont il avait la jambe attachée, la défaisant de la boucle et de l'ardillon; et, comme on avait entortillé cette boucle d'une petite corde renouée à beaucoup d'autres nœuds, il dénouait tout sans rien rompre. Une nuit, après s'être ainsi dépêtré de sa courroie, il rompit la porte de sa loge si adroitement, que son gouverneur n'en fut point éveillé, de là il passa dans plusieurs cours de la ménagerie, brisant les portes fermées, et abattant la maçonnerie quand elles étaient trop petites pour le laisser passer, et il alla ainsi dans les loges des autres animaux; ce qui les épouvanta tellement, qu'ils s'enfuirent tous se cacher dans les lieux les plus reculés du parc. »

Le Mogol a des éléphants qui servent de bourreaux aux criminels condamnés à mort. Si leur conducteur leur commande de dépêcher promptement ces misérables, ils les mettent en pièces en un instant avec leurs pieds; et au contraire, s'il leur commande de les faire languir, ils leur rompent les os les uns après les autres, et leur font souffrir un supplice aussi cruel que celui de la roue.

M. Marcellus Bles a vu prendre les éléphants de deux manières différentes à Ceylan. Ils vont ordinairement en troupes séparées, quelquefois à une lieue de distance l'une de l'autre : la première manière de les prendre est de les entourer par un attroupement de quatre ou cinq cents hommes, qui, resserrant toujours ces animaux de plus près en les épouvantant par des cris, des pétards, des tambours et des torches allumées, les forcent à entrer dans une espèce de parc entouré de fortes palissades, dont on ferme ensuite l'ouverture pour qu'ils n'en puissent sortir.

La seconde manière de les chasser ne demande pas un si grand appareil ; il suffit d'un certain nombre d'hommes lestes et agiles à la course qui vont les chercher dans les bois : ils ne s'attaquent qu'aux plus petites troupes d'éléphants, qu'ils agacent et inquiètent au point de les mettre en fuite ; ils les suivent aisément à la course, et leur jettent un ou deux lacs de cordes très-fortes aux jambes de derrière : ils tiennent toujours le bout de ces cordes jusqu'à ce qu'ils trouvent l'occasion favorable de l'entortiller autour d'un arbre ; et, lorsqu'ils parviennent à arrêter ainsi un éléphant sauvage dans sa course, ils amènent à l'instant deux éléphants privés, auxquels ils attachent l'éléphant sauvage, et, s'il se mutine, ils ordonnent aux deux apprivoisés de le battre avec leur trompe jusqu'à ce qu'il soit comme étourdi ; et enfin ils le conduisent au lieu de sa destination.

ADDITION A L'ARTICLE DE L'ÉLÉPHANT

COMMENT LES ÉLÉPHANTS TRAVERSENT DE LARGES FOSSÉS

Quand les éléphants ont à traverser quelque large fossé, le plus gros et le plus fort d'entre eux y descend hardiment et se met en travers ; il sert ainsi de pont au reste de la troupe. Quand tous sont passés, il s'agit de retirer le dévoué camarade. Un éléphant lui allonge le pied, et, pour que lui-même ne perde pas l'équilibre, un autre lui soutient fortement le pied en l'entourant de sa trompe ; puis les autres jettent au fond du fossé des broussailles et des fascines. Bientôt celui qui a servi de pont est hors du fossé.

(Traduit d'Élien.)

RÉSOLUTION SURPRENANTE DE PLUSIEURS ÉLÉPHANTS

Dans certains cantons de l'Afrique on prend les éléphants de la manière suivante : on ouvre dans les lieux que ces animaux fréquentent, de larges fossés qui vont en se rétrécissant vers le fond ; on les couvre de branches d'arbres et de gazons qui cachent fort bien le piége. Lopez vit sur le bord de la Quanza un jeune éléphant qui était tombé dans une de ces tranchées. Les autres, après avoir employé inutilement toute leur force et leur adresse pour le tirer de ce précipice, remplirent la fosse de terre, comme s'ils eussent mieux aimé le tuer et l'ensevelir que de l'abandonner aux chasseurs. Ils exécutèrent cette opération à la vue d'un grand nombre de nègres, qui s'efforcèrent en vain de les chasser par le bruit, par la vue de leurs armes, et par des feux qu'ils leur jettaient pour les effrayer.

(*Histoire des Voyages.*)

BONTÉ DE L'ÉLÉPHANT POUR LES ANIMAUX FAIBLES

L'éléphant qui fut envoyé au roi de Naples par le Grand Seigneur marquait de l'attachement pour certains animaux et surtout pour un mouton, auquel il permettait de venir donner, comme font ces animaux, de la tête contre ses défenses ; et, lorsque celui-ci abusait de la complaisance de l'éléphant, toute la punition qu'il essuyait était d'être enlevé avec la trompe et jeté sur un tas de fumier, au lieu que les autres animaux qui l'incommodaient étaient sûrement jetés contre la muraille avec une telle violence, qu'ils étaient écrasés et mouraient sur-le-champ.

(*Mém. de l'Académie des Sciences.*)

TRAIT DE FIDÉLITÉ D'UN ÉLÉPHANT

Au moment où Pyrrhus, roi d'Épire, entra victorieux dans Argos, un éléphant s'aperçut qu'il avait perdu son maître, lequel était tombé dans la foule des morts. Outré de douleur, il renverse indifféremment amis et ennemis : il court de rang en rang jusqu'à ce qu'il ait retrouvé le corps de son maître ; il le prend ensuite avec sa trompe et l'emporte loin des ennemis.

(*Portefeuille du Physicien.*)

VENGEANCE PLAISANTE D'UN ÉLÉPHANT

Quelques matelots français remontant en barque la rivière de Kurbale (au Sénégal) virent un éléphant si embarrassé dans la fange, qu'ils se promirent d'en faire aisément leur proie. Comme ils ne pouvaient s'en approcher assez pour le tuer, ils tirèrent sur lui : leurs balles ne servirent qu'à le mettre en fureur. Ne pouvant non plus s'avancer vers eux, il remplit sa trompe d'une eau bourbeuse et leur en lança en si grande quantité, qu'il fit presque chavirer leur barque. Les matelots furent contraints de se retirer. La marée, qui ne tarda pas à remonter, donna à l'éléphant assez d'eau pour lui permettre de regagner la rive à la nage.

(*Hist. des Voyages.*)

Nous n'ajouterons rien de plus à l'article de l'éléphant :

Buffon nous fait assez connaître cet intéressant animal dans ses pages admirables.

(A. D. Morin.)

LE RHINOCÉROS

RHINOCEROS UNICORNIS (L.)

Après l'éléphant, le rhinocéros est le plus puissant des animaux quadrupèdes : il a au moins douze pieds de longueur depuis l'extrémité du museau jusqu'à l'origine de la queue, six à sept pieds de hauteur, et la circonférence du corps à peu près égale à sa longueur. Il approche donc de l'éléphant par le volume et par la masse ; et, s'il paraît bien plus petit, c'est que ses jambes sont bien plus courtes à proportion que celles de l'éléphant. Il n'est guère supérieur aux autres animaux que par la force, la grandeur et l'arme offensive qu'il porte sur le nez et qui n'appartient qu'à lui : cette arme est une arme très-dure, solide dans toute sa longueur, qui défend toutes les parties antérieures du museau, et préserve d'insulte le mufle, la bouche et la face. Son corps et ses membres sont couverts d'une enveloppe imperméable. Sa peau est un cuir noirâtre de la même couleur, mais plus épais et plus dur que celui de l'éléphant ; il n'est pas sensible comme lui à la piqûre des mouches : il ne peut aussi ni froncer ni contracter sa peau ; elle est seulement plissée par de grosses rides au cou, aux épaules et à la croupe, pour faciliter le mouvement de la tête et des jambes, qui sont massives et terminées par de larges pieds armés de trois grands ongles.

Il est très-certain qu'il existe des rhinocéros qui n'ont qu'une corne sur le nez, et d'autres qui en ont deux; mais il n'est pas également certain que cette variété soit constante, toujours dépendante du climat de l'Afrique ou des Indes, et qu'en conséquence de cette seule différence on puisse établir deux espèces distinctes dans le genre de cet animal. Il paraît que les rhinocéros qui n'ont qu'une corne l'ont plus grosse et plus longue que ceux qui en ont deux :

il y a des cornes simples de trois pieds et demi, et peut-être de plus de quatre pieds de longueur sur six et sept pouces de diamètre à la base; il y a aussi des cornes doubles qui ont jusqu'à deux pieds de longueur. Communément ces cornes sont brunes et d'une couleur olivâtre; cependant il s'en trouve de grises, et même quelques-unes de blanches.

La corne du rhinocéros est plus estimée des Indiens que l'ivoire de l'éléphant, non pas tant à cause de la matière, dont cependant ils font plusieurs ouvrages au tour et au ciseau, mais à cause de sa substance même, à laquelle ils accordent plusieurs qualités spécifiques.

Le rhinocéros, sans être ni féroce, ni carnassier, ni même extrêmement farouche, est cependant intraitable ; il est à peu près en grand ce que le cochon est en petit, brusque et brut, sans intelligence, sans sentiment et sans docilité. Ces animaux sont aussi, comme le cochon, très enclins à se vautrer dans la boue et à se rouler dans la fange : ils aiment les lieux humides et marécageux, et ils ne quittent guère les bords des rivières. On en trouve en Asie et en Afrique, au Bengale, à Siam, à Laos, dans l'Indostan, à Sumatra, à Java, en Abyssinie, et jusqu'au cap de Bonne-Espérance; mais en général l'espèce en est moins nombreuse et moins répandue que celle de l'éléphant. Le rhinocéros doit vivre, comme l'homme, soixante-dix ou quatre-vingts ans.

Le rhinocéros se nourrit d'herbes grossières, de chardons, d'arbrisseaux épineux, et il préfère ces aliments agrestes à la douce pâture des plus belles prairies : il aime beaucoup les cannes de sucre, et mange aussi de toutes sortes de grains.

Les rhinocéros ne se rassemblent pas en troupes, ni ne marchent pas en nombre comme les éléphants; ils sont plus solitaires, plus sauvages, et peut-être plus difficiles à chasser et à vaincre. Ils n'attaquent pas les hommes, à moins qu'ils ne soient provoqués ; mais alors ils prennent de la fureur et sont très-redoutables [1].

[1] Il y a encore un autre rhinocéros, le rhinocéros d'Afrique, qui diffère du premier en ce qu'il a deux cornes au lieu d'une.

(A. B. Morin.)

ADDITION A L'ARTICLE DU RHINOCÉROS

CORNE DU RHINOCÉROS

Les écrivains arabes et les orientaux débitent beaucoup de fables sur cette corne; ils prétendent que, quand elle est fondue, on y voit mille figures plus merveilleuses les unes que les autres, des hommes, des oiseaux, des chèvres. L'on en fait aussi des manches de couteaux à l'usage des rois des Indes qui se servent toujours de ces couteaux, et qui les achètent bien cher parce qu'ils croient de bonne foi que la corne sue à l'approche de quelque sorte de venin que ce soit, et que, quand on y verse de bon vin, on la voit sur-le-champ s'élever et bouillonner.

(VALMONT DE BOMARE.)

Un fait rapporté par Bontius prouve que le rhinocéros ne manque pas d'un certain degré d'instinct, lorsqu'il s'agit de la conservation de sa progéniture. Une femelle attaquée en plaine par des chasseurs, s'occupa d'abord de faire rentrer son petit dans le bois; pendant tout ce temps elle se laissa molester sans se défendre; mais, quand le petit fut caché, elle revint fondre sur les assaillants avec tant de furie, qu'ils furent obligés de se réfugier en hâte derrière les arbres.

(LACÉPÈDE ET CUVIER.)

RUMINANTS

LE LAMA ET LE PACO

CAMELUS LAMA ET CAMELUS PACO (L.) — AUCHENIA (ILLIG.)

Le sanglier et le cochon ne font qu'un animal ; ces deux noms ne sont pas relatifs à la différence de la nature, mais à celle de la condition de cette espèce, dont une partie est sous l'empire de l'homme, et l'autre indépendante. Il en est de même des lamas et des pacos, qui étaient les seuls animaux domestiques des anciens Américains. Ces noms sont ceux de leur état de domesticité : le lama sauvage s'appelle *huanaco* ou *guanaco*, et le paco sauvage *vicugna* ou *vigogne*. J'ai cru cette remarque nécessaire pour éviter la confusion des noms. Ces animaux ne se trouvent pas dans l'ancien continent, mais appartiennent uniquement au nouveau ; ils affectent même de certaines terres hors de l'étendue desquelles on ne les trouve plus : ils paraissent attachés à la chaîne des montagnes qui s'étendent depuis la Nouvelle-Espagne jusqu'aux terres Magellaniques ;

[1] Le cerf, le daim, le chevreuil, la chèvre, la brebis, le bœuf, décrits précédemment, appartiennent à cette famille.

ils habitent les régions les plus élevées du globe terrestre, et semblent avoir besoin pour vivre de respirer un air plus vif et plus léger que celui de nos plus hautes montagnes.

Leur accroissement est assez prompt, et leur vie n'est pas bien longue; ils sont en pleine vigueur jusqu'à douze ans, et ils commencent ensuite à dépérir, en sorte qu'à quinze ils sont entièrement usés. Leur naturel paraît être modelé sur celui des Américains; ils sont doux et flegmatiques, et font tout avec poids et mesure.

Le lama est haut d'environ quatre pieds, et son corps, y compris le cou et la tête, en a cinq ou six de longueur : le cou seul a près de trois pieds de long. Cet animal a la tête bien faite, les yeux grands, le museau un peu allongé, les lèvres épaisses, la supérieure fendue et l'inférieure un peu pendante; il manque de dents incisives et canines à la mâchoire supérieure. La chair des jeunes est très-bonne à manger, celle des vieux est sèche et trop dure; en général, celle des lamas domestiques est bien meilleure que celle des sauvages, et leur laine est aussi beaucoup plus douce. Leur peau est assez ferme; les Péruviens en faisaient leur chaussure, et les Espagnols l'emploient pour faire des harnais. Ces animaux, si utiles et même si nécessaires dans le pays qu'ils habitent, ne coûtent ni entretien ni nourriture : comme ils ont le pied fourchu, il n'est pas nécessaire de les ferrer; la laine épaisse dont ils sont couverts dispense de les bâter; ils n'ont besoin ni de grain, ni d'avoine, ni de foin; l'herbe verte qu'ils broutent eux-mêmes leur suffit, et ils n'en prennent qu'en petite quantité : ils sont encore plus sobres sur la boisson; ils s'abreuvent de leur salive, qui, dans cet animal, est plus abondante que dans aucun autre.

Les vigognes ou pacos sauvages sont de couleur de rose sèche; et cette couleur naturelle est si fixe, qu'elle ne s'altère point sous la main de l'ouvrier : on fait de très-beaux gants, de très-bons bas avec cette laine de vigogne; l'on en fait d'excellentes couvertures et des tapis d'un très-grand prix. Cette denrée seule forme une branche dans le commerce de l'Amérique espagnole; le castor du Canada, la brebis de Kalmoukie, la chèvre de Syrie, ne fournissent pas un plus beau poil : celui de la vigogne est aussi cher que la soie. Cet animal a beaucoup de choses communes avec le lama : il est du même pays, et comme lui il en est exclusivement, car on ne le trouve nulle part ailleurs que sur les Cordilières; il a aussi le même naturel et à peu près les mêmes mœurs, le même tempérament. Cependant, comme sa laine est beaucoup plus longue et plus touffue que celle du lama, il paraît craindre encore moins le froid; il se tient plus volontiers dans la neige, sur les glaces et dans les contrées les plus froides : on le trouve en grande quantité dans les terres Magellaniques.

ADDITION À L'ARTICLE DU LAMA

C'est avec la laine du lama-alpaga que Ternaux, célèbre industriel né à Sedan, fabriqua le premier une belle et forte étoffe appelé alpaga. Outre que cette étoffe est très-chaude et pourrait se vendre à bon marché, elle a l'avantage d'être presque imperméable à la pluie. Aujourd'hui il y a en France et en Angleterre beaucoup de contrefaçons du véritable alpaga.

Le Portugais Real raconte que, s'étant égaré dans les vastes solitudes du Pérou septentrional, il n'eut pendant deux jours d'autre nourriture que le lait d'un lama femelle qui se laissa traire par lui comme la vache la plus docile.

On voyait en 1842 à Lima, capitale du Bas-Pérou, un lama que son maître, vieux militaire blessé, promenait dans les rues pour gagner sa vie. Cet animal docile se laissait habiller en turc, en chinois ; il marchait pendant des heures entières sur trois pieds, contrefaisant le boiteux, et remerciait poliment pour les pièces de monnaie qu'on jetait dans le chapeau de son maître, en s'inclinant la tête jusqu'à terre. Si on lui offrait des morceaux de pain ou de sucre, au lieu de les manger, il les prenait avec délicatesse entre ses dents et les déposait dans la main de son maître.

(A. B. Morin.)

LE CHAMEAU ET LE DROMADAIRE

CAMELUS BACTRIANUS ET CAMELUS DROMEDARIUS

Ces deux noms, *dromadaire* et *chameau*, ne désignent pas deux espèces différentes, mais indiquent seulement deux races distinctes et subsistantes de temps immémorial dans l'espèce du chameau. Le principal et, pour ainsi dire, l'unique caractère sensible par lequel ces deux races diffèrent, consiste en ce que le chameau porte deux bosses, et que le dromadaire n'en a qu'une ; il est aussi plus petit et moins fort que le chameau. Le dromadaire est, sans comparaison, plus nombreux et plus généralement répandu que le chameau : celui-ci ne se trouve guère que dans le Turkestan et dans quelques autres endroits du Levant, tandis que le dromadaire, plus commun qu'aucune autre bête de somme en Arabie, se trouve de même en grande quantité dans toute la partie septentrionale de l'Afrique, qui s'étend depuis la mer Méditerranée jusqu'au fleuve Niger, et qu'on le retrouve en Égypte, en Perse, dans la Tartarie méridionale et dans les parties septentrionales de l'Inde. Le dromadaire occupe donc des terres immenses, et le chameau est borné à un petit terrain : le premier habite des régions arides et chaudes; le second, un pays moins sec et plus tempéré : et l'espèce entière, tant des uns que des autres, paraît être confinée dans une zone de trois ou quatre cents lieues de largeur, qui s'étend depuis la Mauritanie jusqu'à la Chine ; elle ne subsiste ni au-dessus ni au-dessous de cette zone. Cet animal, quoique naturel aux pays chauds, craint cependant les climats où la chaleur est excessive : son espèce finit où commence celle de l'éléphant, et elle ne peut subsister ni sous le ciel brûlant de la zone torride ni dans les climats doux de notre zone tempérée. Il paraît être originaire de l'Arabie; car non-seulement c'est le pays où il est en plus grand nombre, mais c'est aussi celui auquel il est le plus conforme. L'Arabie est le pays du monde le plus aride et où l'eau est le plus rare : le chameau est le plus sobre des animaux, et peut passer plusieurs jours sans boire. Le terrain est presque partout sec et sablonneux : le chameau a les pieds faits pour marcher dans les sables, et ne peut, au contraire, se soutenir dans les terrains humides et glissants. L'herbe et les pâturages manquant à cette terre, le bœuf y manque aussi, et le chameau remplace cette bête de somme. On ne se trompe guère sur le pays naturel des animaux, en le jugeant par ses rapports de conformité : leur vraie patrie est la terre à laquelle ils ressemblent, c'est-à-dire à laquelle leur nature paraît s'être entièrement conformée, surtout lorsque cette même nature de l'animal ne se modifie point ailleurs et ne se prête pas à l'influence des autres climats. Les Arabes regardent le chameau comme un présent du ciel, un animal sacré, sans le secours duquel ils ne pourraient ni subsister, ni commercer, ni voyager. Le lait des chameaux fait leur nourriture ordinaire; ils en mangent aussi la chair, surtout celle des jeunes, qui est très-bonne à leur goût : le poil de ces animaux, qui est fin et moelleux, et qui se renouvelle tous les ans par une mue complète, leur sert à faire les étoffes dont ils s'habillent et se meublent. Avec leurs chameaux, non-seulement ils ne manquent de rien, mais même ils ne craignent rien; ils peuvent mettre en un seul jour cinquante lieues de désert entre eux et leurs ennemis : toutes les armées du monde périraient à la suite d'une troupe d'Arabes; aussi ne sont-ils soumis qu'autant qu'il leur plaît. Qu'on se figure un pays sans verdure et sans eau, un soleil brûlant, un ciel toujours sec, des plaines sablonneuses, des montagnes encore plus arides, sur lesquelles l'œil s'étend et le regard se perd sans pouvoir s'arrêter sur aucun objet vivant; une terre morte, et, pour ainsi dire, écorchée par les vents, laquelle ne présente que des ossements, des cailloux jonchés, des rochers debout ou renversés, un désert entièrement découvert où le voyageur n'a jamais respiré sous l'ombrage, où rien ne l'accompagne, rien ne lui rappelle la nature vivante : solitude absolue, mille fois plus affreuse que celle des forêts; car les arbres sont encore des êtres pour l'homme qui se voit seul; plus isolé, plus dénué, plus perdu dans ces lieux vides et sans bornes, il voit partout l'espace comme son tombeau; la lumière du jour, plus triste que l'ombre de la nuit, ne renaît que pour éclairer sa nudité, son impuissance, et pour lui présenter l'horreur de sa situation, en reculant à ses yeux les barrières du vide, en étendant autour de lui l'abîme de l'immensité qui le sépare de la terre habitée, immensité qu'il tenterait en vain de parcourir; car la faim, la soif et la chaleur brûlante pressent tous les instants qui lui restent entre le désespoir et la mort.

Cependant l'Arabe, à l'aide du chameau, a su franchir et même s'approprier ces lacunes de la nature; elles lui servent d'asile, elles assurent son repos et le maintiennent dans son indépendance. L'Arabe s'endurcit de bonne heure à la fatigue des voyages; il s'essaye à se passer du sommeil, à souffrir la faim, la soif et la chaleur : en même temps il instruit ses chameaux, il les élève et les exerce dans cette même vue; peu de jours après leur naissance, il leur plie les jambes sous le ventre, il les contraint à demeurer à terre, et les charge, dans cette situation, d'un poids assez fort qu'il les accoutume à porter, et qu'il ne

leur ôte que pour leur en donner un plus fort : au lieu de les laisser paître à toute heure et boire à leur soif, il commence par régler leurs repas, et peu à peu les éloigne à de grandes distances, en diminuant aussi la quantité de la nourriture : lorsqu'ils sont un peu forts, il les exerce à la course; il les excite par l'exemple des chevaux, et parvient à les rendre aussi légers et plus robustes.

Ces animaux n'existent nulle part dans leur état naturel, ou, s'ils existent, personne ne les a remarqués ni décrits.

Ils ont autant de cœur que de docilité ; au premier signe, ils plient les genoux et s'accroupissent jusqu'à terre pour se laisser charger dans cette situation ; ce qui évite à l'homme la peine d'élever les fardeaux à une grande hauteur : dès qu'ils sont chargés, ils se relèvent d'eux-mêmes, sans être aidés ni soutenus. Celui qui les conduit, monté sur l'un d'entre eux, les précède tous, et leur fait prendre le même pas qu'à sa monture ; on n'a besoin ni de

fouet ni d'éperon pour les exciter : mais, lorsqu'ils commencent à être fatigués, on soutient leur courage, ou plutôt on charme leur ennui par le chant ou par le son de quelque instrument : leurs conducteurs se relayent à chanter ; et, lorsqu'ils veulent prolonger la route et doubler la journée, ils ne leur donnent qu'une heure de repos, après quoi, reprenant leur chanson, ils les remettent en marche pour plusieurs heures de plus, et le chant ne finit que quand il faut s'arrêter ; alors les chameaux s'accroupissent de nouveau et se laissent tomber avec leur charge ; on leur ôte le fardeau en dénouant les cordes et laissant couler les ballots des deux côtés : ils restent ainsi accroupis, couchés sur le ventre, et s'endorment au milieu de leur bagage, qu'on rattache le lendemain avec autant de promptitude et de facilité qu'on l'avait détaché la veille.

Le petit chameau tette sa mère pendant un an, et, lorsqu'on veut le ménager, pour le rendre dans la suite plus fort et plus robuste, on le laisse en liberté teter ou paître pendant les premières années, et on ne commence à le charger et à le faire travailler qu'à l'âge de quatre ans. Il vit ordinairement quarante ou cinquante ans : cette durée de la vie étant plus que proportionnée au temps de l'accroissement, c'est sans aucun fondement que quelques auteurs ont avancé qu'il vivait jusqu'à cent ans.

En réunissant sous un seul point de vue toutes les qualités de cet animal et tous les avantages que l'on en tire, on ne pourra s'empêcher de le reconnaître pour la plus utile et la plus précieuse de toutes les créatures subordonnées à l'homme. L'or et la soie ne sont pas les vraies richesses de l'Orient : c'est le chameau qui est le trésor de l'Asie ; il vaut mieux que l'éléphant, car il travaille, pour ainsi dire, autant et dépense peut-être vingt fois moins. Le chameau vaut non-seulement mieux que l'éléphant, mais peut-être vaut-il autant que le cheval, l'âne ou le bœuf, tous réunis ensemble : il porte seul autant que deux mulets; il mange aussi peu que l'âne, et se nourrit d'herbes aussi grossières; la mère fournit du lait pendant plus de temps que la vache; la chair des jeunes chameaux est bonne et saine, comme celle du veau; leur poil est plus beau, plus recherché que la plus belle laine.

ADDITION A L'ARTICLE DU CHAMEAU

LÉGENDE ARABE

« Voyageur qui traverses le désert de Sahara, n'oublie pas, quand tu seras arrivé à la source de Suleiman, de laisser reposer ton chameau; là donne-lui à boire, donne-lui à manger.

« Ici mon chameau m'a sauvé la vie, à moi Abel-Haphed, fils de Suleiman.

« J'avais marché pendant plusieurs jours à travers la mer de sable, et le soleil brûlait ma tête, et la soif ardente desséchait ma poitrine. Mon eau et mes vivres étaient épuisés; mon chameau ne pouvait plus faire un pas, tant il était accablé de fatigue. En vain je l'avais déchargé de son fardeau. Il tomba et je crus que c'était fait de lui.

« Je me couchai tristement auprès de mon chameau; à grand'peine ma langue collée à mon palais prononça les mots de l'homme qui va mourir : « Dieu, que ta volonté « soit faite. C'était écrit. » Ayant fermé les yeux, la main appuyée sur mon cœur pour en sentir le dernier battement, je me dis : « Pensons au paradis. »

« Mais voilà que tout à coup mon chameau se relève, appuie sa tête sur mon épaule, et d'un regard ami semble me dire : « Haphed ! courage! monte sur mon dos. »

« Et je montai sur le dos de mon chameau, qui s'élança, rapide comme l'éclair, du côté du couchant.

« Après une heure de course mon chameau s'arrêta à la source de Suleiman, au milieu d'un bouquet de figuiers et de palmiers.

« Jamais source ne me parut plus limpide, jamais palmiers ne me parurent plus verts et plus magnifiques, jamais figues n'eurent pour moi un goût plus délicieux.

« Mais, avant de boire moi-même de l'eau de la source, j'abreuvai mon chameau; avant de porter une figue à ma bouche, je fis manger l'herbe fraîche à mon chameau.

« Je remerciai le Dieu tout-puissant qui a créé l'homme et fait le chameau pour l'homme.

« Voyageur qui traverses le désert de Sahara, n'oublie pas, quand tu seras arrivé à la source de Suleiman, n'oublie pas de laisser reposer ton chameau; là donne-lui à boire, donne-lui à manger.

« Ici mon chameau m'a sauvé la vie, à moi, Abel-Haphed fils de Suleiman. »

(A. B. Morin.)

La chair des jeunes dromadaires est aussi bonne que celle du veau; les Arabes en font leur nourriture ordinaire; ils la conservent dans des vases où ils la couvrent de graisse. Ils en mangent aussi le lait, qui est épais et nourrissant, et dont ils préparent du beurre et du fromage.

Le poil du dromadaire s'emploie à plusieurs sortes d'étoffes, de feutres et d'autres préparations; on tond ces animaux en été, on les couvre d'huile et on les laisse ainsi plusieurs heures par jour couchés au soleil.

(Cuvier et Lacépède.)

LA VIGOGNE

CAMELUS VICUGNA (L.) — AUCHENIA VICUNNA (ILLIG.)

La vigogne a beaucoup de rapport et même de ressemblance avec le lama; mais elle est d'une forme plus légère. Ses jambes sont plus longues à proportion du corps, plus

menues et mieux faites que celles du lama. Sa tête, qu'elle porte droite et haute sur un cou long et délié, lui donne un air de légèreté, même dans l'état de repos; elle est aussi plus courte à proportion que la tête du lama; elle est large au front et étroite à l'ouverture de la bouche, ce qui rend la physionomie de cet animal fine et vive, et cette vivacité de physionomie est encore fort augmentée par ses beaux yeux noirs, dont l'orbite est fort grand ayant seize lignes de longueur; l'os supérieur de l'orbite

3.

est fort relevé, et la paupière inférieure est blanche. Le nez est aplati, et les naseaux, qui sont écartés l'un de l'autre, sont, comme les lèvres, d'une couleur brune mêlée de gris; la lèvre supérieure est fendue comme celle du lama, et cette séparation est assez grande pour laisser voir dans la mâchoire inférieure deux dents incisives longues et plates.

La vigogne porte aussi les oreilles droites, longues et se terminant en pointe; elles sont nues en dedans, et couvertes en dehors d'un poil court. La plus grande partie du corps de cet animal est d'un brun rougeâtre tirant sur le vineux, et le reste est de couleur isabelle; le dessous de la mâchoire est d'un blanc jaune; la poitrine, le dessous du ventre, le dedans des cuisses et le dessous de la queue sont blancs. La laine qui pend sous sa poitrine a trois pouces de longueur, et celle qui couvre le corps n'a guère qu'un pouce; l'extrémité de la queue est garnie de longue laine. Cet animal a le pied fourchu, séparé en deux doigts qui s'écartent lorsqu'il marche; les sabots sont noirs, minces, plats par-dessous et convexes par-dessus; ils ont un pouce de longueur sur neuf lignes de hauteur et cinq lignes de largeur ou d'empatement.

LE MUSC

MOSCHUS MOSCHIFERUS (L.)

Le musc est de la grandeur d'un petit chevreuil; mais ce qui le distingue de tous les animaux, c'est une espèce de bourse d'environ deux ou trois pouces de diamètre, qu'il porte près du nombril, et dans laquelle se filtre la liqueur, ou plutôt l'humeur grasse du musc, différente par son odeur et par sa consistance de celle de la civette.

Le musc le plus pur et le plus recherché par les Chinois est celui que l'animal laisse couler sur des pierres ou des troncs d'arbres contre lesquels il se frotte lorsque cette matière devient irritante ou trop abondante dans la bourse où elle se forme. Le musc qui se trouve dans la poche

même est rarement aussi bon, parce qu'il n'est pas encore mûr.

Le musc est un animal d'une jolie figure; il a deux pieds trois pouces de longueur, vingt pouces de hauteur au train de derrière, et dix-neuf pouces six lignes à celui de devant. Il est vif et léger à la course et dans tous ses mouvements; ses jambes de derrière sont considérablement plus longues et plus fortes que celles de devant. La nature l'a armé de deux défenses de chaque côté de la mâchoire supérieure, qui sont larges, dirigées en bas et recourbées en arrière; elles sont tranchantes sur leur bord postérieur en finissant en pointe; leur longueur, au-dessous de la lèvre, est de dix-huit lignes, et leur largeur d'une ligne et demie; elles sont de couleur blanche, et leur substance est une sorte d'ivoire.

L'AXIS

CERVUS AXIS (L.)

L'axis est, à la vérité, du petit nombre des animaux ruminants qui portent un bois comme le cerf; il a la taille

et la légèreté du daim : mais ce qui le distingue du cerf et du daim, c'est qu'il a le bois d'un cerf et la forme d'un daim; que tout son corps est marqué de taches blanches, élégamment disposées et séparées les unes des autres, et qu'enfin il habite les climats chauds; au lieu que le cerf et le daim ont ordinairement le pelage d'une couleur uniforme, et se trouvent en plus grand nombre dans les pays froids et dans les régions tempérées que dans les climats chauds.

L'ÉLAN ET LE RENNE

CERVUS ALCES ET CERVUS TARANDUS

Quoique l'élan et le renne soient deux animaux d'espèces différentes, nous avons cru devoir les réunir, parce qu'il n'est guère possible de faire l'histoire de l'un sans emprunter beaucoup de celle de l'autre.

L'élan et le renne ne se trouvent tous deux que dans les pays du Nord, l'élan en deçà et le renne au delà du cercle polaire en Europe et en Asie : on les retrouve en Amérique à de moindres latitudes, parce que le froid y est plus grand qu'en Europe; le renne n'en craint pas la rigueur, même la plus excessive; on en voit au Spitzberg; il est commun en Groënland et dans la Laponie la plus boréale, ainsi que dans les parties les plus septentrionales de l'Asie. L'élan ne s'approche pas si près du pôle; il habite en Norvége, en Suède, en Pologne, en Lithuanie, en Russie, et dans les provinces de la Sibérie et de la Tartarie, jusqu'au nord de la Chine. On le retrouve sous le nom d'*orignal*, et le renne sous celui de *caribou*, au Canada, et dans toute la partie septentrionale de l'Amérique. Les naturalistes qui ont douté que l'orignal fût l'élan, et le caribou le renne, n'avaient pas assez comparé la nature avec les témoignages des voyageurs : ce sont certainement les mêmes animaux, qui, comme tous les autres dans ce nouveau monde, sont seulement plus petits que dans l'ancien continent.

On peut prendre des idées assez justes de la forme de l'élan et de celle du renne en les comparant tous deux avec le cerf

La manière dont les Lapons élèvent et conduisent ces animaux mérite une attention particulière. Olaüs, Scheffer, Regnard, nous ont donné sur cela des détails intéressants, que nous croyons devoir présenter ici par extrait, en réformant ou supprimant les faits sur lesquels ils se sont trompés. Le bois du renne, beaucoup plus grand, plus étendu et divisé en un bien plus grand nombre de rameaux que celui du cerf, disent ces auteurs, est une espèce de singularité admirable et monstrueuse. La nourriture de cet animal pendant l'hiver est une mousse blanche qu'il sait trouver sous les neiges épaisses en les fouillant avec son bois et les détournant avec ses pieds; en été, il vit de boutons et de feuilles d'arbre plutôt que d'herbes, que les rameaux de son bois avancés en avant ne lui permettent pas de brouter aisément. Il court sur la neige, et enfonce peu à cause de la largeur de ses pieds... Ces animaux sont doux; on en fait des troupeaux qui rapportent beaucoup de profit à leur maître. Le lait, la peau, les nerfs, les os, les cornes des pieds, les bois, le poil, la chair, tout en est bon et utile. Les plus riches Lapons ont des troupeaux de quatre ou cinq cents rennes; les pauvres en ont dix ou douze : on les mène au pâturage, on les ramène à l'étable, ou bien on les enferme dans des parcs pendant la nuit pour les mettre à l'abri de l'insulte des loups. Lorsqu'on leur fait changer de climat, ils meurent en peu de temps.

Les Lapons se couvrent depuis les pieds jusqu'à la tête des fourrures des rennes; ils savent en filer le poil; ils mangent la chair de cet animal, boivent le lait et en font des fromages très-gras. Ce lait, épuré et battu, donne, au lieu de beurre, une espèce de suif.

Une singularité que nous ne devons pas omettre et qui est commune au renne et à l'élan, c'est que, quand ces animaux courent, ou seulement précipitent leurs pas, les cornes de leurs pieds font à chaque mouvement un bruit de craquement si fort, qu'il semble que toutes les jointures des jambes se déboîtent : les loups, avertis par ce bruit ou par l'odeur de la bête, courent au-devant, la saisissent et en viennent à bout s'ils sont en nombre, car le renne se défend d'un loup seul : ce n'est point avec son lois, lequel en tout lui nuit plus qu'il ne lui sert; c'est avec les pieds de devant, qu'il a très-forts : il en frappe le loup avec assez de violence pour l'étourdir ou l'écarter, et fuit ensuite avec assez de vitesse pour n'être plus atteint.

La durée de la vie dans le renne domestique n'est que de quinze ou seize ans; mais il est à présumer que, dans le renne sauvage, elle est plus longue ; cet animal, étant quatre ans à croître, doit vivre vingt-huit ou trente ans lorsqu'il est dans son état de nature.

En général, l'élan est un animal beaucoup plus grand et bien plus fort que le cerf et le renne; il a le poil si rude et le cuir si dur, que la balle du mousquet peut à peine y pénétrer ; il a les jambes très-fermes, avec tant de mouvement et de force, surtout dans les pieds de devant, que, d'un seul coup, il peut tuer un homme, un loup, et même casser un arbre. Cependant on le chasse à peu près comme nous chassons le cerf, c'est-à-dire à force d'hommes et de chiens : on assure que, lorsqu'il est lancé ou poursuivi, il lui arrive souvent de tomber tout à coup, sans avoir été ni tiré ni blessé ; de là on a présumé qu'il était sujet à l'épilepsie, et de cette présomption (qui n'est pas bien fondée, puisque la peur seule pourrait produire le même effet) on a tiré cette conséquence absurde, que la corne de ses pieds devait guérir de l'épilepsie et même en préserver ; et ce préjugé grossier a été si généralement répandu, qu'on voit encore aujourd'hui quantité de gens du peuple porter des bagues dont le chaton renferme un petit morceau de corne d'élan.

Comme il y a très-peu d'hommes dans les parties septentrionales de l'Amérique, tous les animaux, et en particulier les élans, y sont en plus grand nombre que dans le nord de l'Europe.

ADDITION A L'ARTICLE DU RENNE

Indépendamment des espèces de vers d'oestre qui tourmentent beaucoup les rennes, les mouches et les cousins, dont il y a quantité d'espèces en Laponie, sont encore le fléau de ces animaux et des Lapons mêmes. Linnée rapporte qu'en 1732, lorsqu'il arriva, au mois de juin, à Lulea, le petit nombre de rennes que les habitants avaient gardés dans le pays avaient les cornes cotonneuses, molles, ensanglantées, et divers endroits du corps si maltraités par les mouches et les moucherons, qu'ils ruisselaient de sang. Un seul taon fut suffisant pour alarmer un troupeau d'un millier de rennes. Tous levaient à la fois la tête, ouvraient les yeux, dressaient les oreilles, soufflaient, frappaient des pieds, se battaient les flancs l'un contre l'autre, restant ensuite pendant quelques moments comme consternés, et recommençaient ensuite leurs premiers mouvements qu'ils faisaient avec autant de régularité qu'un bataillon de soldats peut faire l'exercice. Dans les déserts, les Lapons brûlent continuellement de l'agaric, du pin et du sapin, qui répandent une fumée épaisse par toute la cabane; cette fumée chasse les taons des rennes et les cousins.

(LINNÉE.)

ADDITION A L'ARTICLE DE L'ÉLAN

Il faut que les jambes de ce quadrupède soient extrêmement fortes et roides, puisque, d'un coup de pied, il terrasse l'animal ou le chasseur qui ose l'approcher. Il a les jambes si fermes, qu'il court sur la glace et sur les rochers avec une extrême vitesse sans tomber, ce qui lui donne aussi le moyen de se sauver des loups et des autres animaux carnassiers qui ne peuvent l'y suivre.

On dit que la peau de l'élan est propre à faire des cuirasses, parce qu'elle est très-épaisse et très-dure, et presque impénétrable aux coups de feu. On en fait encore usage dans plusieurs arts et métiers.

(VALMONT DE BOMARE.)

LA GIRAFE

CAMELOPARDALIS GIRAFA (L.)

La girafe est un des premiers, des plus beaux, des plus grands animaux, et qui, sans être nuisible, est en même temps l'un des plus inutiles. La disproportion énorme de ses jambes, dont celles de devant sont une fois plus longues que celles de derrière, fait obstacle à l'exercice de ses forces : son corps n'a point d'assiette, sa démarche est

vacillante, ses mouvements sont lents et contraints; elle ne peut ni fuir ses ennemis dans l'état de liberté, ni servir ses maîtres dans celui de domesticité : aussi l'espèce en est peu nombreuse, et a toujours été confinée dans les déserts de l'Afrique méridionale.

M. Gordon, observateur très-éclairé, que nous avons cité plusieurs fois avec éloge, a fait un voyage dans l'intérieur de l'Afrique méridionale : il a vu et pris plusieurs girafes, et, les ayant examinées avec attention, il nous a fait connaître plusieurs détails intéressants sur les habitudes et la conformation de cet animal si remarquable par sa grandeur.

Les girafes se trouvent, dit-il, vers le vingt-huitième degré de latitude méridionale, dans les pays habités par des nègres, que les Hottentots appellent *Brinas* ou *Briquas;* l'espèce ne paraît pas être répandue vers le sud au delà du vingt-neuvième degré, et ne s'étend à l'est qu'à cinq ou six degrés du méridien du Cap. Les Cafres, qui habitent les côtes orientales de l'Afrique, ne connaissent point les girafes ; il paraît aussi qu'aucun voyageur n'en a vu sur les côtes occidentales de ce continent, dont elles habitent seulement l'intérieur. Elles sont confinées dans les limites que nous venons d'indiquer vers le sud, l'est et l'ouest, et du côté du nord on les retrouve jusqu'en Abyssinie, et même dans la haute Égypte.

Lorsque ces animaux sont debout et en repos, leur cou est dans une position verticale. Leur hauteur, depuis la terre jusqu'au-dessus de la tête, est de quinze à seize pieds.

La peau de la girafe est parsemée de taches rousses ou d'un fauve foncé sur un fond blanc. Ces taches sont très-près l'une de l'autre, et de figure rhomboïdale ou ovale et même ronde. La forme de la tête de la girafe a quelque ressemblance avec celle de la tête d'une brebis : sa longueur est de plus de deux pieds, le cerveau est très-petit, elle est couverte de poils parsemés de taches semblables à celles du corps, mais plus petites. La lèvre supérieure dépasse l'inférieure de plus de deux pouces; il y a huit dents incisives assez petites dans la mâchoire inférieure; et, comme dans tout autre animal ruminant, il ne s'en trouve point dans la mâchoire supérieure.

Les yeux sont grands, bien fendus, brillants, et le regard en est doux. Leur plus long diamiètre est de deux pouces neuf lignes, et les paupières sont garnies de poils longs et roides en forme de cils.

La girafe porte au-dessus du front deux cornes un peu inclinées en arrière. Elles sont recouvertes d'une peau garnie de poils noirs, et plus longs vers l'extrémité, où ils forment une sorte de pinceau qui manque cependant à plusieurs individus, vraisemblablement parce qu'ils les usent en se frottant contre les arbres.

Indépendamment de ces deux cornes, il y a au milieu du front un tubercule qu'on prendrait, au premier coup d'œil, pour une troisième corne, mais qui n'est qu'une excroissance spongieuse de l'os frontal, d'environ quatre pouces de diamètre sur deux pouces de hauteur. La peau qui le couvre est quelquefois calleuse et dégarnie de poils, à cause de l'habitude qu'ont ces animaux de frotter leur tête contre les arbres.

Le cou a six pieds de longueur, ce qui donne à chaque vertèbre une si grande épaisseur que le cou ne peut guère se fléchir. Il est à l'extérieur garni en dessus d'une crinière. Les poils qui la composent sont longs de trois pouces, et forment des touffes alternativement plus ou moins foncées.

Les sabots sont beaucoup plus hauts par devant que par derrière, et ne sont point surmontés d'ergots comme dans les autres animaux à pieds fourchus.

Les girafes habitent uniquement dans les plaines : elles vont en petites troupes de cinq ou six, et quelquefois de dix ou douze ; cependant l'espèce n'est pas très-nombreuse. Quand elles se reposent, elles se couchent sur le ventre ; ce qui leur donne des callosités au bas de la poitrine et aux jointures des jambes.

ADDITION A L'ARTICLE DE LA GIRAFE

« LEVAILLANT VOIT POUR LA PREMIÈRE FOIS DE SA VIE UNE PEAU DE GIRAFE. — IL TUE SA PREMIÈRE GIRAFE.

« Le kraal (sorte de camp ou de village africain) était composé d'une vingtaine d'hommes, qui vinrent au-devant de moi pour me recevoir ; tout y annonçait la plus profonde misère. Cependant je fus frappé d'une sorte de distinction que j'aperçus sur une des huttes. Elle était couverte en entier d'une peau de girafe ; moi qui ne connaissais ce quadrupède, le plus haut de tous ceux du globe, que d'après les descriptions et les dessins fautifs que j'en avais vus, je n'avais garde de reconnaître ici sa robe, et cependant c'en était une. Enfin j'étais dans le pays qu'il habite ; j'allais en voir de vivants, et je touchais au moment d'être dédommagé, au moins en partie, des malheurs et des chagrins de mon voyage.

« Un des Namaquois, mes guides, vint avec empressement me donner un avis qu'il avait cru devoir m'être agréable.

« Cet homme m'avait vu, dans sa horde, transporté de plaisir à la vue d'une peau de girafe, et il était accouru pour me dire qu'il venait d'apercevoir, dans les environs, un de ces animaux, sous un mimosa dont il broutait les feuilles.

« A l'instant, ravi de joie, je sautai sur un de mes chevaux, j'en fis monter un autre à Bernfry, et, muni de mes chiens, je volai vers le mimosa indiqué. La girafe n'y était plus; nous la vîmes traverser la plaine du côté de l'ouest, et nous piquâmes pour la joindre. Elle prit un trot fort léger, sans néanmoins forcer sa marche; nous galopâmes après elle, et, de temps en temps, lui tirâmes des coups de fusil; mais insensiblement elle gagna tellement sur nous qu'après l'avoir poursuivie pendant trois heures, forcés d'arrêter, parce que nos chevaux étaient hors d'haleine, nous la perdîmes de vue.

« Mes gens ne m'avaient annoncé que du plaisir dans la chasse aux girafes; à les entendre, ce ne serait qu'un jeu pour moi, et cependant j'y voyais des difficultés très-considérables.

« Notre course nous avait éloignés les uns des autres et du camp. Selon mon estime, j'en étais au moins à cinq grandes lieues; et, ce qui était bien plus inquiétant encore, c'est que, la girafe ayant pris dans sa fuite différents détours et circuits, je ne pouvais plus m'orienter pour la rejoindre. Il était midi; déjà je commençais à sentir les besoins de la faim et de la soif, et je me trouvais seul dans un lieu très-aride, exposé à un soleil dévorant et sans le moindre abri contre la chaleur, ainsi que sans provisions contre la faim. »

Levaillant fut rejoint par ses gens dans la soirée.

« Le lendemain, continue-t-il, ma caravane entière me rejoignit. Je vis cinq autres girafes auxquelles nous donnâmes la chasse, mais qui employèrent tant de ruses, qu'après avoir été courues pendant tout le jour elles nous échappèrent à la faveur de la nuit.

« J'étais désolé de ce mauvais succès ; mais ce qui me désespérait surtout, c'était qu'ayant vingt-six bouches à nourrir, les provisions allaient me manquer tout à fait : il ne me restait plus que quelques livres d'hippopotame

« Le lendemain, 10 novembre, fut un des plus beaux jours de ma vie.

« Je m'étais mis en chasse au lever du soleil dans l'espoir d'obtenir quelque gibier pour mes provisions. Après quelques heures de marche, nous aperçûmes au détour d'une colline sept girafes qu'à l'instant ma meute attaqua. Six d'entre elles prirent la fuite ensemble ; la septième, coupée par mes chiens, s'écarta d'un autre côté.

« Bernfry, dans ce moment, marchait à pied et tenait son cheval par la bride. En moins d'un clin d'œil il fut en selle et se mit à poursuivre les six premières ; moi, je suivis l'autre à toute bride ; mes chiens ne tardèrent point à l'atteindre ; elle fut obligée de s'arrêter pour se défendre : d'un coup de carabine je la renversai.

« Enchanté de ma victoire, je revins sur mes pas pour appeler mes gens auprès de moi et leur faire dépouiller et dépecer la bête. Pendant que je les cherchais des yeux, je vis Klaas Berster, qui me faisait des signes auxquels d'abord je ne compris rien ; mais, ayant porté ma vue du côté que me désignait sa main, je vis avec surprise une girafe arrêtée sous un grand ébénier et assaillie par mes chiens.

Je crus que c'en était une autre, et courus vers elle : c'était la mienne qui s'était relevée et qui, au moment où j'allais lui tirer son second coup, tomba morte.

« Qui croirait qu'une conquête pareille excita dans mon âme des transports voisins de la folie. Peines, fatigues, besoins cruels, incertitude de l'avenir, dégoût quelquefois du passé, tout disparut, tout s'envola à la vue de cette peau nouvelle : je ne pouvais me rassasier de la contempler; j'en mesurais l'énorme hauteur, je reportais avec étonnement mes regards de l'animal détruit à l'instrument destructeur; j'appelais, je rappelais tour à tour mes gens ; et, quoique chacun d'eux en eût pu faire autant, quoique nous eussions abattu de plus pesants et de plus dangereux ennemis encore, je venais le premier de tuer celui-ci, j'en allais enrichir l'histoire naturelle.

« Tous mes gens accoururent et me félicitèrent sur mon triomphe. Bernfry seul restait en arrière. En vain je le pressais du geste et de la voix; tombé de cheval, il avait eu l'épaule froissée et marchait à pas lents, tirant sa monture par la bride. Arrivé à ma portée, il me parla de sa chute; moi, sans entendre ce qu'il me disait, sans songer qu'il pouvait avoir besoin de secours, je lui parlais de ma victoire : il me montrait son épaule, je lui montrais ma girafe ; j'étais ivre et n'aurais guère songé à mes propres blessures. »

(LEVAILLANT, *Second Voyage en Afrique.*)

LES GAZELLES

Nous avons reconnu douze espèces ou du moins douze variétés bien distinctes dans les animaux qu'on appelle *gazelles;* dans l'incertitude où nous sommes si ce ne sont que des variétés ou si ce seraient en effet des espèces réellement différentes, nous avons cru devoir les présenter en-

semble, en leur assignant néanmoins à chacune un nom particulier qui, dans le premier cas, ne sera qu'une dénomination précaire, et pourra, dans le second, devenir le nom spécifique et premier de ces animaux, et le seul auquel nous conserverons le nom générique de *gazelle* est la gazelle commune, qui se trouve en Syrie, en Mésopotamie et dans les autres provinces du Levant, aussi bien qu'en Barbarie et dans toutes les parties septentrionales de l'Afrique. Les cornes de cette gazelle ont environ un pied de longueur ; elles portent des anneaux entiers à leur base, et ensuite des demi-anneaux jusqu'à une petite distance de leur extrémité, qui est lisse et pointue ; elles sont non-seulement environnées d'anneaux, mais sillonnées longitudinalement par de petites stries : les anneaux marquent les années de l'accroissement ; ils sont ordinairement au nombre de douze ou treize. Les gazelles en général, et celle-ci en particulier, ressemblent beaucoup au chevreuil par la forme du corps, par la légèreté des mouvements, la grandeur et la vivacité des yeux, etc. Et comme le chevreuil ne se trouve point dans le pays qu'habite la gazelle, on serait d'abord tenté de croire qu'elle n'est qu'un chevreuil dégénéré, ou que celui-ci n'est qu'une gazelle dénaturée par l'influence du climat et par l'effet de la différente nourriture : mais les gazelles diffèrent du chevreuil par la nature des cornes ; celles du chevreuil sont une espèce de bois solide, qui tombe et se renouvelle tous les ans, comme celui du cerf ; les cornes des gazelles, au contraire, sont creuses et permanentes, comme celles de la chèvre. D'ailleurs le chevreuil n'a point de vésicule du fiel, au lieu que les gazelles ont cette vésicule comme les chèvres. Les gazelles ont, comme le chevreuil, des larmiers ou enfoncements au devant de chaque œil : elles lui ressemblent encore par la qualité du poil et par les brosses qu'elles ont sur les jambes ; mais ces brosses dans le chevreuil sont sur les jambes de derrière, au lieu que dans les gazelles elles sont sur les jambes de devant. Les gazelles paraissent donc être des animaux mi-partis intermédiaires entre le chevreuil et la chèvre.

Une autre espèce de gazelle est un animal très-commun en Barbarie et en Mauritanie, que les Anglais ont appelé *antilope* et auquel nous conservons ce nom.

Les antilopes, surtout les grandes, sont beaucoup plus communes en Afrique qu'aux Indes : elles sont plus fortes et plus farouches que les autres gazelles, desquelles il est aisé de les distinguer par la double flexion de leurs cornes, et parce qu'elles n'ont point de bande noire ou brune au

bas des flancs. Les antilopes moyennes sont de la grandeur et de la couleur du daim; elles ont les cornes fort noires, le ventre très-blanc, les jambes de devant plus courtes que celles de derrière. On les trouve en grand nombre dans les contrées de Tlemcen, de Zab et jusque dans le Sahara. Elles sont propres et ne se couchent que dans des endroits secs et nets. Elles sont aussi très-légères à la course, très-attentives au danger, très-vigilantes, en sorte que dans les lieux découverts elles regardent longtemps de tous côtés, et, dès qu'elles aperçoivent un homme, un chien ou quelque autre ennemi, elles fuient de toutes leurs forces : cependant elles ont, avec cette timidité naturelle, une espèce de courage ; car, lorsqu'elles sont surprises, elles s'arrêtent tout court et font face à ceux qui les attaquent.

ADDITION A L'ARTICLE DES GAZELLES

« ... Nous n'avions rencontré qu'une seule troupe de gazelles ; mais il faut dire qu'elle occupait toute la plaine ; c'était une émigration dont nous n'avions vu ni le commencement ni la fin ; nous étions précisément dans la saison où ces animaux abandonnent les terres sèches et rocailleuses de la pointe d'Afrique, pour refluer vers le Nord, soit dans la Cafrerie, soit dans d'autres pays couverts et bien arrosés. Tenter d'en calculer le nombre, le porter à vingt, à trente, à cinquante mille, ce n'est rien dire qui approche de la vérité ; il faut avoir vu le passage de ces animaux pour le croire ; nous marchions au milieu d'eux, sans que cela les dérangeât beaucoup ; ils étaient si peu farouches, que j'en tirai trois, sans sortir de mon chariot ; il nous eût été facile, en somme, d'en fournir pour longtemps à des armées innombrables. »

(Le Vaillant, *Premier Voyage en Afrique.*)

LA GAZELLE

OU CHÈVRE SAUTANTE DU CAP DE BONNE-ESPÉRANCE

ANTILOPE SALIENS (LAC.)

Il me paraît qu'on doit rapporter cet animal au genre des gazelles plutôt qu'à celui des chèvres, quoiqu'on l'ait appelé *chèvre sautante.*

Ces chèvres sautantes habitent les terres intérieures de l'Afrique. En les prenant jeunes, elles s'apprivoisent aisément ; on peut les nourrir de lait, de pain, de blé, de feuilles de choux, etc. Il semble que ces chèvres sautantes aient quelque pressentiment de l'approche du mauvais temps, surtout du vent de sud-est, qui, au cap de Bonne-Espérance, est très-orageux et très-violent ; les plus vieilles commencent à sauter, et bientôt tout le reste de la troupe en fait de même.

BOSBOK

ANTILOPE SYLVATICA (FORSS.)

Voici encore une très-jolie gazelle, dont M. Allamand a donné la description.

« Les Hollandais du cap de Bonne-Espérance donnent le nom de *bosbok* à une très-jolie gazelle. Ce mot, que j'ai conservé, signifie le *bouc des bois*, et c'est effectivement dans les forêts qu'on trouve cette gazelle. Ses cornes ont quelque rapport avec celles du ritbok ; elles sont dirigées et courbées en avant, mais si légèrement, qu'on a peine à s'en apercevoir : cependant, s'il n'y avait que cette différence dans la courbure des cornes, je n'hésiterais pas à regarder le bosbok comme une variété dans l'espèce du ritbok; mais ils diffèrent si fort à d'autres égards, qu'on ne peut guère douter qu'ils n'appartiennent à deux familles distinctes.

« Le bosbok est plus petit que le ritbok; la longueur de son corps est de trois pieds six pouces, c'est-à-dire d'environ un pied plus courte que celle du ritbok. Il en diffère encore plus par les couleurs : le dessus de son corps est d'un brun fort obscur, mais qui tire un peu sur le roux à la tête et sous le cou; son ventre est blanc, de même que l'intérieur de ses cuisses et de ses jambes; il a aussi une tache blanche au bas du cou; la croupe est parsemée de petites taches rondes d'un blanc qui se fait d'abord remarquer, et qui lui sont particulières : ses cornes sont noires et torses en longues spirales, qui s'étendent au delà de la moitié de leur hauteur : on voit sur son front une tache noire. Il n'a point de larmiers; ses oreilles sont longues et pointues; sa queue a près de six pouces, et elle est garnie de longs poils blancs.

« Les bosboks ne se trouvent guère qu'à soixante lieues du Cap; ils se tiennent dans les bois, où ils se font souvent entendre par une sorte d'aboiement assez semblable à celui du chien. »

LE GNOU

ANTILOPE GNU (GM.) — CATOPLEBAS GNU (GM.)

Ce bel animal, qui se trouve dans l'intérieur des terres de l'Afrique, n'était connu d'aucun naturaliste : milord Bute, dont on connaît le goût pour les sciences, est le premier qui m'en ait donné connaissance.

Cet animal est très-remarquable, non-seulement par sa grandeur, mais encore par la beauté de sa forme, par la crinière qu'il porte tout le long du cou, par sa longue queue touffue, et par plusieurs autres caractères qui semblent l'assimiler en partie au cheval et en partie au bœuf. Nous lui conserverons le nom de *gnou* (qui se prononce *niou*) qu'il porte dans son pays natal, et dont nous sommes plus sûr que de celui de *feva-heda*, car voici ce que m'en écrit M. Forster :

« Il se trouve au cap de Bonne-Espérance trois espèces de bœufs : 1° notre bœuf commun d'Europe ; 2° le buffle, que je n'ai pas eu occasion de décrire, et qui a beaucoup de rapport avec le buffle d'Europe; 3° le gnou. Ce dernier animal ne s'est trouvé qu'à cent quatre-vingts ou deux cents lieues du Cap, dans l'intérieur des terres de l'Afrique. J'ai vu une femelle de cette espèce en 1775 ; elle était âgée de trois ans ; elle avait été élevée par un colon, dont l'habitation était à cent soixante lieues du Cap, qui l'avait prise fort jeune avec un autre jeune gnou ; il les éleva tous deux, et les amena pour les présenter au gouverneur du Cap. Cette jeune femelle, qui était privée, fut soignée dans une étable et nourrie de pain bis et de feuilles de choux; elle n'était pas tout à fait si grande que le mâle de la même portée. Elle ne souffrait pas volontiers les caresses ni les attouchements, et, quoique fort privée, elle ne laissait pas de donner des coups de cornes et aussi des coups de pied : nous eûmes toutes les peines du monde d'en prendre les dimensions, à cause de son indocilité. On nous a dit que le gnou mâle, dans l'état sauvage, est aussi farouche et aussi méchant que le buffle, quoiqu'il soit beaucoup moins fort. La jeune femelle dont nous venons de parler est assez douce; elle ne nous a jamais fait entendre sa voix; elle ruminait comme les bœufs : elle aimait à se promener dans la basse-cour, s'il ne faisait pas trop chaud; car, par la grande chaleur, elle se retirait à l'ombre ou dans son étable.

« Ce gnou femelle était de la grandeur d'un daim ou plutôt d'un âne; elle avait au garrot quarante pouces et demi de hauteur, mesure d'Angleterre, et était un peu plus basse des jambes de derrière, où elle n'avait que trente-neuf pouces. La tête était grande à proportion du corps, ayant quinze pouces et demi de longueur depuis les oreilles jusqu'au bout du museau : mais elle était comprimée des deux côtés, et, vue de face, elle paraissait étroite. Le mufle était carré, et les narines étaient en forme de croissant; il y avait dans la mâchoire inférieure huit dents incisives, semblables par la forme à celles du bœuf commun. Les yeux étaient fort écartés l'un de l'autre, et placés sur les côtés de l'os frontal; ils étaient grands, d'un brun noir, et paraissent avoir un air de férocité et de méchanceté que cependant l'éducation et la domesticité avaient modifié dans l'animal. Les oreilles étaient d'environ cinq pouces et demi de longueur, et de forme semblable à celle du bœuf commun. La longueur des cornes était de dix-huit pouces en les mesurant sur leur courbure; leur forme était cylindrique et leur couleur noire. Le corps était plus rond que celui du bœuf, et l'épine n'était pas fort apparente, c'est-à-dire fort élevée; en sorte que le corps du gnou semblait, par la forme, approcher beaucoup de celui du cheval. Les épaules étaient musculeuses et les cuisses et les jambes moins charnues et plus fines que celles du bœuf; la croupe était effilée et relevée, mais aplatie vers la queue, comme celle du cheval. Les pieds étaient légers et menus; ils avaient chacun deux sabots pointus en devant, arrondis aux côtés et de couleur noire. La queue avait vingt-huit pouces de longueur, y compris les longs poils qui étaient à son extrémité.

« Tout le corps était revêtu d'un poil court et ras, semblable à celui du cerf pour la couleur. Depuis le museau jusqu'à la hauteur des yeux, il y avait de longs poils rudes et hérissés, en forme de brosse, qui entouraient presque toute cette partie : depuis les cornes jusqu'au garrot, il y avait une espèce de crinière formée de longs poils, dont la racine est blanchâtre et la pointe noire ou brune; sous le cou, on voyait une autre bande de longs poils, qui se prolongeait depuis les jambes de devant jusqu'aux longs poils blancs de la lèvre inférieure, et sous le ventre il y avait une touffe de très-longs poils auprès du nombril : les paupières étaient garnies de poils d'un brun noir, et les yeux étaient entourés partout de longs poils très-forts et de couleur blanche. »

Je dois ajouter à cette description que M. Forster a

bien voulu me communiquer les observations que M. le professeur Allamand a faites sur cet animal vivant, qui est arrivé plus nouvellement en Hollande.

« Les anciens ont écrit, dit ce savant naturaliste, que l'Afrique était fertile en monstres. Par ce mot, il ne faut entendre que des animaux inconnus dans les autres parties du monde; c'est ce qu'on vérifie encore de nos jours lorsqu'on pénètre dans cette vaste région. L'animal que je vais décrire en fournit une nouvelle preuve; la figure que j'en donne ici a été gravée d'après un dessin envoyé du cap de Bonne-Espérance, mais dont je n'ai pas osé faire usage dans mes additions précédentes à l'ouvrage de M. de Buffon, parce que je le regardais comme la représentation d'un animal fabuleux. J'ai été détrompé par M. le capitaine Gordon, à qui je l'ai fait voir; c'est un officier de mérite, que son goût pour l'histoire naturelle et l'envie de connaître les mœurs et les coutumes des peuples qui habitent la partie méridionale de l'Afrique ont conduit au Cap. De là il a pénétré plus avant dans l'intérieur du pays qu'aucun autre Européen, accompagné d'un seul Hottentot. Il a bravé toutes les incommodités d'un voyage de deux cents lieues, à travers des régions incultes, et sans autres provisions pour sa nourriture que les végétaux qui lui étaient indiqués par son compagnon de voyage ou le gibier que son fusil lui procurait. Sa curiosité a été bien récompensée par le grand nombre de choses rares qu'il a vues et d'animaux dont il a rapporté les dépouilles.

« Dès qu'il eut vu le dessin dont je viens de parler, il m'apprit qu'il ne représentait point un animal chimérique, mais un véritable animal dont la race était très-nombreuse en Afrique. Il en avait tué plusieurs, et il avait apporté la dépouille de deux têtes; il m'en a donné une que j'ai placée au cabinet de notre académie.

« Dans le même temps, on envoya du Cap un de ces animaux vivants à la ménagerie du prince d'Orange, où il est actuellement, et se porte très-bien.

« Il est étonnant qu'un animal aussi gros et aussi singulier que celui-ci, et qui vraisemblablement se trouve dans les lieux où les Européens ont pénétré, ait été inconnu jusqu'à présent, ou qu'il ait été décrit si imparfaitement, qu'il a été impossible de s'en former aucune idée. Il embarrassera assurément les nomenclateurs qui voudront le ranger sous quelques-unes des classes auxquelles ils rapportent les différents quadrupèdes. Il tient beaucoup du cheval, du taureau et du cerf, sans être aucun de ces trois animaux. On ne manquera pas de lui donner un nom composé, propre à indiquer la ressemblance qu'il a avec eux.

« Les Hottentots le nomment *gnou*, et je crois devoir adopter cette dénomination, en observant que le *g* ne doit pas être prononcé avec cette fermeté qu'il a quand il commence un mot, mais qu'il ne doit servir qu'à rendre grasse l'articulation de l'*n* qui le suit, comme il fait au milieu des mots dans *seigneur*, par exemple, *campagne*, et d'autres. C'est à M. Gordon que je dois la connaissance de ce nom. »

LE BUBALE

ANTILOPE BUBALIS (L.)

Cet animal est d'une nature très-éloignée de celle du buffle ; il ressemble au cerf, aux gazelles et au bœuf par quelques rapports assez sensibles ; au cerf par la grandeur et la figure du corps, et surtout par la forme des jambes. mais il a des cornes permanentes et faites à peu pres comme celles des plus grosses gazelles, desquelles il approche par ce caractère et par les habitudes naturelles ; cependant il a la tête beaucoup plus longue que les gazelles, et même que le cerf; enfin il ressemble au bœuf par la longueur du museau et par la disposition des os de la tête, dans laquelle, comme dans le bœuf, le crâne ne déborde pas en arrière au delà de l'os frontal.

Il y a dans les bubales, comme dans les gazelles, dans les antilopes, etc., des variétés pour la grandeur du corps et pour la figure des cornes ; mais ces différences ne nous paraissent pas assez considérables pour en faire des espèces distinctes et séparées.

Le bubale est assez commun en Barbarie et dans toutes les parties septentrionales de l'Afrique ; il est à peu près du même naturel que les antilopes : il a, comme elles, le poil court, le cuir noir, et la chair bonne à manger.

M. Pallas, qui a vu cet animal vivant, dit qu'il est doux, mais d'une figure moins élégante et d'une forme plus robuste que les autres grandes gazelles ; il a même, par la grosseur de la tête, par la longueur de la queue et par la figure du corps, une assez grande ressemblance avec nos génisses; il est plus haut qu'un âne, et plus élevé sur le train de devant que sur celui de derrière. Les dents sont toutes larges, tronquées, égales : celles du milieu sont néanmoins les plus grandes. La lèvre inférieure est noire, et porte une moustache ou plutôt un petit faisceau de poils noirs de chaque côté. Il a, sur le museau et le long du chanfrein[1], une bande noire terminée sur le front par une touffe de poils placée en devant des cornes.

Le pelage de cet animal est d'un rouge brun, et le poil est lisse et ondoyé; le ventre et les pieds sont d'une couleur plus pâle. Il y a depuis les cornes jusqu'au garrot une ligne noire, ainsi que sur le devant des pieds; mais, dans ceux de derrière, cette ligne noire est interrompue au genou. Deux autres bandes de même couleur descendent de chaque côté de la tête, depuis le dessous des cornes jusqu'au museau, qui est aussi rayé de noir. Ces deux

[1] *Chanfrein*, partie de la tête de l'animal située entre les sourcils, depuis les oreilles jusqu'au naseau.

dernières bandes sont surmontées d'une tache blanche, qui est placée tout auprès de l'origine de la corne. Il y a sur le front un épi de poils en étoile qui se dirige en haut. Les poils du menton sont de couleur noire, longs d'environ un pouce et demi, et forment une espèce de barbe auprès de laquelle on voit une tache noire. La queue est terminée par une touffe de longs poils de cette dernière couleur, et est longue de plus d'un pied. Les cornes sont ridées de dix-neuf ou vingt anneaux, et ont environ vingt pouces de longueur.

Le bubale est un de ces animaux dont la race est répandue dans toute l'Afrique ; au moins se trouve-t-il dans les contrées méridionales et septentrionales de cette partie du monde. L'espèce est très-nombreuse près du cap de Bonne-Espérance, et on la retrouve dans la Barbarie.

Les bubales, de même que les cannas, se sont éloignés des lieux habités du Cap, et se sont retirés dans l'intérieur du pays, où on les voit courir en grandes troupes, et avec une vitesse qui surpasse celle de tous les autres animaux : un cheval ne saurait les atteindre. M. Gordon n'en a jamais rencontré sur les montagnes; ceux qu'il a vus étaient toujours dans les plaines. Leur cri est une espèce d'éternument. Leur chair est d'un très-bon goût : les paysans qui sont éloignés du Cap en coupent des tranches fort minces qu'ils font sécher au soleil, et qu'ils mangent souvent avec d'autres viandes au lieu de pain.

ADDITION A L'ARTICLE DU BUBALE

On ne sait presque rien de particulier sur les mœurs de cet animal dans l'état sauvage ; Shaw dit seulement qu'il marche en troupes; que ses petits s'apprivoisent aisément et paissent avec les troupeaux de bœufs; qu'il court, s'arrête et se défend comme la gazelle. La direction des pointes de ses cornes le force cependant à adopter une manœuvre particulière. Lorsqu'il est vivement pressé, il se retourne, se porte avec fureur contre l'assaillant, et, tenant sa tête entre ses jambes, et la relevant subitement lorsqu'il est à proximité, il fait d'énormes blessures.

(LACÉPÈDE ET CUVIER.)

LE BOUQUETIN ET LE CHAMOIS

CAPRA IBEX ET ANTILOPE RUPICAPRA (L.)

Quoiqu'il y ait apparence que les Grecs connaissaient le bouquetin et le chamois, ils ne les ont pas désignés par des dénominations particulières, ni même par des caractères assez précis pour qu'on puisse les reconnaître : ils ne les ont indiqués que sous le nom générique de *chèvres sauvages*. Vraisemblablement ils présumaient que ces animaux étaient de la même espèce que les chèvres domestiques, puisqu'ils ne leur ont point appliqué de noms propres, comme ils l'ont fait à tous les animaux d'espèces différentes. Au contraire, nos naturalistes modernes ont tous regardé le bouquetin et le chamois comme deux espèces réellement distinctes, et toutes deux différentes de celles de nos chèvres. Il y a des faits et des raisons pour et contre ces deux opinions.

Le bouquetin diffère du chamois par la longueur, la grosseur et la forme des cornes; il est aussi beaucoup plus grand de corps, et il est plus vigoureux et plus fort : cependant ces animaux ont tous deux les mêmes habitudes, les mêmes mœurs et la même patrie : seulement le bouquetin, comme plus agile et plus fort, s'élève jusqu'au sommet des plus hautes montagnes, au lieu que le chamois n'en habite que le second étage : mais ni l'un ni l'autre ne se trouvent dans les plaines. Tous deux se frayent des chemins dans les neiges; tous deux franchissent les précipices en bondissant de rocher en rocher; tous deux sont couverts d'une peau ferme et solide, et vêtus en hiver d'une double fourrure, d'un poil extérieur assez rude et d'un poil intérieur plus fin et plus fourni; tous deux ont une raie noire sur le dos; ils ont aussi la queue à peu près de la même grandeur : le nombre des ressemblances extérieures est si grand, en comparaison des différences, et la conformité des parties intérieures est si complète, qu'en raisonnant en conséquence de tous ces rapports de similitude, on serait porté à conclure que ces deux animaux ne sont pas d'une espèce réellement différente, mais que ce sont simplement des variétés constantes d'une seule et même espèce. D'ailleurs les bouquetins, aussi bien que les chamois, lorsqu'on les prend jeunes et qu'on les élève avec les chèvres domestiques, s'apprivoisent aisément, s'accoutument à la domesticité, prennent les mêmes mœurs, vont comme elles en troupeaux et reviennent de même à l'étable.

Cependant l'espèce du bouquetin et celle du chamois sont toutes deux subsistantes dans l'état de nature, et toutes deux constamment distinctes. Le chamois vient quelquefois de lui-même se mêler au troupeau des chèvres domestiques; le bouquetin ne s'y mêle jamais, à moins qu'on ne l'ait apprivoisé. Le bouquetin et le bouc ont une très-longue barbe, et le chamois n'en a point. Les cornes du chamois sont très-petites; celles du bouquetin mâle sont si grosses et si longues, qu'on n'imaginerait pas qu'elles pussent appartenir à un animal de cette taille.

Le chamois n'est qu'une variété constante dans l'espèce de la chèvre comme le dogue dans celle du chien ; le bouquetin est la vraie chèvre, la chèvre primitive.

Le bouquetin et le chamois ne se trouvent que dans les déserts et surtout dans les lieux escarpés des plus hautes montagnes : les Alpes, les Pyrénées, les montagnes de la Grèce et celles des îles de l'Archipel, sont presque les seuls endroits où l'on trouve le bouquetin et le chamois. Quoique tous deux craignent la chaleur et n'habitent que la région des neiges et des glaces, ils craignent aussi la rigueur du froid excessif. L'été ils demeurent au nord de leurs montagnes; l'hiver ils cherchent la face du midi, et descendent des sommets jusque dans les vallons. Ni l'un ni l'autre ne peuvent se soutenir sur les glaces unies : mais, pour peu que la neige y forme des aspérités, ils y marchent d'un pas ferme, et traversent en bondissant toutes les inégalités de l'espace. La chasse de ces animaux, surtout celle du bouquetin, est très-pénible; les chiens y sont presque inutiles : elle est aussi quelquefois dangereuse; car, lorsque l'animal se trouve pressé, il frappe le chasseur d'un violent coup de tête, et le renverse souvent dans le précipice voisin. Les chamois sont aussi vifs, mais moins forts que les bouquetins; ils sont en plus grand nombre, ils vont ordinairement en troupeaux : cependant il y en a beaucoup moins aujourd'hui qu'il n'y en avait autrefois, du moins dans nos Alpes et dans nos Pyrénées. Le nom de *chamoiseurs*, que l'on a donné à tous les passeurs de peau, semble indiquer que dans ce temps les peaux de chamois étaient la matière la plus commune de leur métier, au lieu qu'aujourd'hui ce sont les peaux de chèvre, de mouton, de cerf, de chevreuil et de daim, qui font, plus que celles du chamois, l'objet du travail et du commerce des chamoiseurs.

Et à l'égard de la propriété spécifique que l'on attribue au sang du bouquetin pour de certaines maladies, et surtout pour la pleurésie, propriété qu'on croyait particulière à cet animal, et qui, par conséquent, aurait indiqué qu'il était lui-même d'une nature particulière, on a reconnu que le sang du chamois, et même celui du bouc domestique, avait les mêmes vertus lorsqu'on le nourrissait avec les herbes aromatiques, que le bouquetin et le chamois ont coutume de paître; en sorte que, par cette même propriété, ces trois animaux paraissent encore se réunir à une seule et même espèce.

ADDITION A L'ARTICLE DU CHAMOIS

On rencontre souvent les chamois en troupe de cinquante au plus; ils vont à la pâture le matin et le soir, rarement dans la journée. Pendant qu'ils paissent, il y en a toujours un de la bande qui est en sentinelle, et a l'œil au guet (on le nomme *bête avancée*). Dès qu'il sent ou aperçoit, ou entend quelque chose, il jette un cri par lequel il avertit tous les autres de fuir. Ce cri d'épouvante est un sifflement poussé avec tant de force, que les rochers ou les forêts en retentissent; il est d'abord fort aigu, et baisse vers la fin. Le chamois se repose un instant, regarde de tous côtés, et recommence à siffler, il frappe la terre du pied, il se lance sur des pierres fort élevées, il regarde, court sur ces éminences, et, quand il a découvert quelque chose, il s'enfuit.

(Valmont de Bomare.)

On prétend que les cornes des chamois deviennent, avec l'âge, si crochues en arrière, qu'en voulant se gratter ils les font entrer dans leur peau, et que, ne pouvant plus les en retirer, ils périssent ainsi de faim et de douleur

(A. F. Morin.)

LE MOUFLON

OVIS AMMON (L.)

On trouve dans les montagnes de Grèce, dans les îles de Chypre, de Sardaigne, de Corse, et dans les déserts de la Tartarie, l'animal que nous avons nommé *mouflon*, et qui nous paraît être la souche primitive de toutes les bre-

bis. Il existe dans l'état de nature, il subsiste sans le secours de l'homme; il ressemble, plus qu'aucun autre animal sauvage, à toutes les brebis domestiques; il est plus vif, plus fort et plus léger qu'aucune d'entre elles : il a la tête, le front, les yeux et toute la face du bélier; il lui ressemble aussi par la forme des cornes et par l'habitude entière du corps. La seule disconvenance qu'il y ait entre le mouflon et nos brebis, c'est qu'il est couvert de poil et non de laine : mais nous avons vu que, même dans les brebis domestiques, la laine n'est pas un caractère essentiel; que c'est une production du climat tempéré, puisque, dans les pays chauds, ces mêmes brebis n'ont point de laine et sont toutes couvertes de poil, et que, dans les pays très-froids, leur laine est encore aussi grossière, aussi rude que le poil : dès lors il n'est pas étonnant que la brebis originaire, la brebis primitive et sauvage, qui a dû souffrir le froid et le chaud, vivre sans abri dans les bois, ne soit pas couverte d'une laine qu'elle aurait bientôt perdue dans les broussailles, d'une laine que l'exposition continuelle à l'air et à l'intempérie des saisons aurait en peu de temps altérée et changée de nature.

LE BUFFLE, L'AUROCHS, LE BISON ET LE ZÉBU

BOS BUBALUS (L.) — BOS URUS (GM.) — BOS BISON (L.) — BOS INDICUS (LAC.)

Quoique le buffle soit aujourd'hui commun en Grèce et domestique en Italie, il n'était connu ni des Grecs ni des Romains; car il n'a jamais eu de nom dans la langue de ces peuples : le mot même de *buffle* indique une origine étrangère, et n'a de racine ni dans la langue grecque ni dans la latine; en effet, cet animal est originaire des pays les plus chauds de l'Afrique et des Indes, et n'a été transporté et naturalisé en Italie que vers le septième siècle.

Le buffle, maintenant domestique en Europe, est le même que le buffle domestique ou sauvage aux Indes et en Afrique.

L'*urus* ou *aurochs* est le même animal que notre taureau commun dans son état naturel et sauvage.

Le bison ne diffère de l'aurochs que par des variétés accidentelles, et par conséquent il est, aussi bien que l'aurochs, de la même espèce que le bœuf domestique.

Le zébu n'est qu'une variété dans l'espèce du bœuf.

La variété la plus générale et la plus remarquable dans les bœufs domestiques, et même sauvages, consiste dans cette espèce de bosse qu'ils portent entre les deux épaules. On a appelé *bisons* cette race de bœufs bossus.

Le bœuf sauvage et le bœuf domestique, le bœuf de l'Europe, de l'Asie, de l'Afrique et de l'Amérique, l'aurochs, le bison et le zébu, sont tous des animaux d'une seule espèce, qui, selon les climats, les nourritures et les traitements différents, ont subi des variétés. Le bœuf, comme l'animal le plus utile, est aussi le plus généralement répandu; mais la nature du buffle est plus éloignée de celle du bœuf que celle de l'âne ne l'est de celle du cheval: elle paraît même antipathique; car on assure que les vaches ne veulent pas nourrir les petits buffles, et que les mères buffles refusent de se laisser teter par des veaux. Le buffle est d'un naturel plus dur et moins traitable que le bœuf, il obéit plus difficilement, il est plus violent, il a des fantaisies plus brusques et plus fréquentes: toutes ses habitudes sont grossières et brutes; il est, après le cochon, le plus sale des animaux domestiques, par la difficulté qu'il met à se laisser nettoyer et panser. Sa figure est grosse et repoussante, son regard stupidement farouche; il avance ignoblement son cou, et porte mal sa tête, presque toujours penchée vers la terre; sa voix est un mugissement épouvantable, d'un ton beaucoup plus fort et plus grave que celui d'un taureau; il a les membres maigres et la queue nue, la mine obscure, la physionomie noire, comme le poil et la peau : il diffère principalement du bœuf à l'extérieur par cette couleur de la peau, qu'on aperçoit aisément sous le poil, qui n'est que peu fourni. Il a le corps plus gros et plus court que le bœuf, les jambes plus hautes, la tête proportionnellement beaucoup plus

petite, les cornes moins rondes, noires et en partie comprimées, un toupet de poil crépu sur le front; il a aussi la peau plus épaisse et plus dure que le bœuf; sa chaire noire et dure est non-seulement désagréable au goût, mais répugnante à l'odorat. Le lait de la femelle buffle n'est pas si bon que celui de la vache; elle en fournit cependant en plus grande quantité. Dans les pays chauds, presque tous les fromages sont faits de lait de buffle. La chair des jeunes buffles, encore nourris de lait, n'en est pas meilleure. Le cuir seul vaut mieux que tout le reste de la bête, dont il n'y a que la langue qui soit bonne à manger : ce cuir est solide, assez léger, et presque impénétrable. Comme ces animaux sont en général plus grands et plus forts que les bœufs, on s'en sert utilement au labourage ; on leur fait traîner et non pas porter les fardeaux. On les dirige et on les contient au moyen d'un anneau qu'on leur passe dans le nez : deux buffles attelés, ou plutôt enchaînés à un cha-

riot, tirent autant que quatre forts chevaux : comme leur cou et leur tête se portent naturellement en bas, ils emploient, en tirant, tout le poids de leur corps, et cette masse surpasse de beaucoup celle d'un cheval ou d'un bœuf de labour.

La taille et la grosseur du buffle indiqueraient seules qu'il est originaire des climats les plus chauds. Les plus grands, les plus gros quadrupèdes appartiennent tous à la zone torride, dans l'ancien continent ; et le buffle, dans l'ordre de grandeur, ou plutôt de masse et d'épaisseur, doit être placé après l'éléphant, le rhinocéros et l'hippopotame. L'odeur du musc est naturelle et particulière aux buffles.

Il y a une grande quantité de buffles sauvages dans les contrées de l'Afrique et des Indes qui sont arrosées de rivières, et où il se trouve de grandes prairies : ces buffles sauvages vont en troupeaux, et font de grands dégâts dans

les terres cultivées; mais ils n'attaquent jamais les hommes, et ne courent dessus que quand on vient de les blesser : alors ils sont très-dangereux; car ils vont droit à l'ennemi, le renversent et le tuent en le foulant aux pieds. Cependant ils craignent beaucoup l'aspect du feu; la couleur rouge leur déplaît. Aldrovande, Kolbe, et plusieurs autres naturalistes et voyageurs, assurent que personne n'ose se vêtir de rouge dans les pays des buffles.

Le buffle, comme tous les autres grands animaux des climats méridionaux, aime beaucoup à se vautrer et même à séjourner dans l'eau ; il nage très-bien et traverse hardiment les fleuves les plus rapides : comme il a les jambes plus hautes que le bœuf, il court aussi plus légèrement sur terre.

Les bœufs et les bisons ne sont que deux races particulières, mais toutes deux de la même espèce, quoique le bison diffère toujours du bœuf, non-seulement par la loupe qu'il porte sur le dos, mais souvent encore par la qualité, la quantité et la longueur du poil. Le bison ou bœuf à bosse de Madagascar réussit très-bien à l'île de France ; sa chair y est beaucoup meilleure que celle de nos bœufs venus d'Europe.

NOTE SUR LES BUFFLES D'ITALIE[1]

Les marais Pontins et les maremmes de Sienne sont, en Italie, les lieux les plus favorables à ces animaux. Les marais Pontins surtout paraissent avoir été presque toujours la demeure des buffles; ce terrain humide et marécageux paraît leur être tellement propre et naturel, que de tout temps le gouvernement a cru devoir leur en assurer la jouissance. En conséquence, les papes, de temps immémorial, ont fixé et déterminé une partie de ces terrains qu'ils ont affectés uniquement à la nourriture des buffles; j'en parle d'autant plus savamment, que ma famille, propriétaire desdits terrains, a toujours été obligée, et l'est encore aujourd'hui, par des bulles des papes, à les con-

[1] Cette note fut adressée à Buffon par le savant cardinal Gaëtani

server uniquement pour la nourriture des buffles, sans pouvoir les ensemencer.

L'aversion du buffle pour la couleur rouge est générale dans tous les buffles de l'Italie, sans exception ; ce qui paraît indiquer que ces animaux ont les nerfs optiques plus délicats que les quadrupèdes connus.

Les buffles ont une mémoire qui surpasse celle de beaucoup d'autres animaux. Rien n'est si commun que de les voir retourner seuls et d'eux-mêmes à leurs troupeaux, quoique d'une distance de quarante ou cinquante milles, comme de Rome aux marais Pontins. Les gardiens des jeunes buffles leur donnent à chacun un nom, et pour leur apprendre à connaître ce nom, ils le répètent souvent d'une manière qui tient du chant, en les caressant en même temps sous le menton. Ces jeunes buffles s'instruisent ainsi en peu de temps, et n'oublient jamais ce nom, auquel ils répondent exactement en s'arrêtant, quoiqu'ils se trouvent mêlés parmi un troupeau de deux ou trois mille buffles. L'habitude du buffle d'entendre ce nom cadencé est telle, que, sans cette espèce de chant, il ne se laisse point approcher étant grand.

La couleur noire et le goût désagréable de la chair du buffle donneraient lieu de croire que le lait participe de ces mauvaises qualités ; mais, au contraire, il est fort bon, conservant seulement un petit goût musqué qui tient de celui de la noix muscade. On en fait du beurre excellent ; il a une saveur et une blancheur supérieures à celui de la vache : cependant on n'en fait point dans la campagne de Rome, parce qu'il est trop dispendieux ; mais on y fait une grande consommation du lait préparé d'autres manières. Ce qu'on appelle communément *œufs de buffle* sont des espèces de petits fromages auxquels on donne la forme d'œufs, qui sont d'un manger très-délicat. Il y a une autre espèce de fromage que les Italiens nomment *provatura*, qui est aussi fait de lait de buffle; il est d'une qualité inférieure au premier : le menu peuple en fait grand usage, et les gardiens des buffles ne vivent presque qu'avec le laitage de ces animaux.

Quoique le buffle naisse et soit élevé en troupeau, il conserve cependant sa férocité naturelle, en sorte qu'on ne peut s'en servir à rien tant qu'il n'est pas dompté. On commence par marquer, à l'âge de quatre ans, ces animaux avec un fer chaud, afin de pouvoir distinguer les buffles d'un troupeau de ceux d'un autre.

Le buffle paraît encore plus propre que le taureau à ces chasses dont on fait des divertissements publics, surtout en Espagne. Aussi les seigneurs d'Italie qui tiennent des buffles dans leurs terres n'y emploient que ces animaux... La férocité naturelle du buffle s'augmente lorsqu'elle est excitée, et rend cette chasse très-intéressante pour les spectateurs. En effet, le buffle poursuit l'homme avec acharnement jusque dans les maisons, dont il monte les escaliers avec une facilité particulière : il se présente même aux fenêtres, d'où il saute dans l'arène, franchissant encore les murs, lorsque les cris redoublés du peuple sont parvenus à le rendre furieux.

J'ai souvent été témoin de ces chasses, qui se font dans les fiefs de ma famille. Les femmes mêmes ont le courage de se présenter dans l'arène; je me souviens d'en avoir vu un exemple dans ma mère.

La fatigue et la fureur du buffle, dans ces sortes de chasses, le fait suer beaucoup ; sa sueur abonde d'un sel extrêmement âcre et pénétrant, et ce sel paraît nécessaire pour dissoudre la crasse dont sa peau est presque toujours couverte...

Le terme de la vie du buffle est à peu près le même que celui de la vie du bœuf, c'est-à-dire à dix-huit ans, quoiqu'il y en ait qui vivent vingt-cinq ans ; les dents lui tombent assez communément quelque temps avant de mourir. En Italie, il est rare qu'on leur laisse terminer leur carrière ; après l'âge de douze ans, on est dans l'usage de les engraisser, et de les vendre ensuite aux Juifs de Rome : quelques habitants de la campagne, forcés par la misère, s'en nourrissent aussi. Dans la terre de Labour du royaume de Naples, et dans le patrimoine de Saint-Pierre, on en fait un débit public deux fois la semaine. Les cornes du buffle sont recherchées et fort estimées : la peau sert à faire des liens pour les charrues, des cribles et des couvertures de coffres et de malles ; on ne l'emploie pas, comme celle du bœuf, à faire des semelles de souliers, parce qu'elle est trop pesante, et qu'elle prend facilement l'eau.

Dans toute l'étendue des marais Pontins, il n'y a qu'un seul village qui fournisse les pâtres ou les gardiens des buffles : ce village s'appelle *Cisterna*, parce qu'il est dans une plaine où l'on n'a que de l'eau de citerne, et c'est l'un des fiefs de ma famille... Les habitants, adonnés presque tous à garder des troupeaux de buffles, sont en même temps les plus adroits et les plus passionnés pour les chasses dont il a été parlé ci-dessus...

Quoique le buffle soit un animal fort et robuste, il est cependant délicat, en sorte qu'il souffre également de l'excès de la chaleur, comme de l'excès du froid; aussi, dans le fort de l'été, le voit-on chercher l'ombre et l'eau, et dans l'hiver les forêts les plus épaisses. Cet instinct semble indiquer que le buffle est plutôt originaire des climats tempérés que des climats très-chauds ou très-froids.

LE YAK

BOS GRUNNIENS (PALL.)

M. Gmelin a donné, dans les *Nouveaux Mémoires de l'Académie de Saint-Pétersbourg*, la description d'un bœuf de Tartarie, qui paraît, au premier coup d'œil, être d'une espèce différente de tous ceux dont nous avons parlé à l'article du buffle. Ce bœuf, dit-il, que j'ai vu vivant et que j'ai fait dessiner en Sibérie, venait de Kalmoukie; il avait de longueur deux aunes et demie de Russie. Par ce module, on peut juger des autres dimensions. Le corps ressemble à celui d'un bœuf ordinaire; les cornes sont torses en dedans; le poil du corps et de la tête est noir, à l'exception du front et de l'épine du dos, sur lesquels il est blanc; le cou a une crinière, et tout le corps, comme celui d'un bouc, est couvert d'un poil très-long et qui descend jusque sur les genoux; en sorte que les pieds paraissent très-courts; le dos s'élève en bosse; la queue ressemble à celle du cheval; elle est d'un poil blanc et très-fourni; les pieds de devant sont noirs, ceux de derrière blancs, et tous sont semblables à ceux du bœuf; sur les talons des pieds de derrière il y a deux houppes de longs poils, l'une en avant, et l'autre en arrière, et sur les talons des pieds de devant il n'y a qu'une houppe en arrière. Cet animal ne mugit pas comme un bœuf; mais il grogne comme un cochon. Il est sauvage et même féroce; car, à l'exception de l'homme qui lui donne à manger, il donne des coups de tête à tous ceux qui l'approchent. Il ne souffre qu'avec peine la présence des vaches

domestiques; lorsqu'il en voit quelqu'une, il grogne: ce qui lui arrive très-rarement en toute autre circonstance. » M. Gmelin ajoute à cette description, « qu'il est aisé de voir que c'est le même animal dont Rubruquis a fait mention dans son *Voyage de Tartarie*...; qu'il y en a de deux espèces chez les Kalmouks : la première, nommée *sarluk*, qui est celle même qu'il vient de décrire; la seconde, appelée *chainuk*, qui diffère de l'autre par la grandeur de la tête et des cornes, et aussi en ce que la queue, qui ressemble, à son origine, à celle d'un cheval, se termine ensuite comme celle d'une vache ; mais que toutes deux sont de même naturel. »

Il n'y a dans toute cette description qu'un seul caractère qui pourrait indiquer que ces bœufs sont d'une espèce particulière, c'est le grognement au lieu du mugissement; car, pour tout le reste, ces bœufs ressemblent si fort aux bisons, que je ne doute pas qu'ils ne soient de leur espèce ou plutôt de leur race. D'ailleurs, quoique l'auteur dise que ces bœufs ne mugissent pas, mais qu'ils grognent, il avoue cependant qu'ils grognent très-rarement, et c'était peut-être une affection particulière de l'individu qu'il a vu, car Rubruquis et les auteurs qu'il cite ne parlent pas de ce grognement; peut-être aussi les bisons, lorsqu'ils sont irrités, ont-ils un grognement de colère; nos taureaux ont parfois une grosse voix entrecoupée qui ressemble beaucoup plus à un grognement qu'à un mugissement. Je suis donc persuadé que ce bœuf grognant de M. Gmelin n'est autre chose qu'un bison, et ne fait pas une espèce

SOLIPÈDES[1]

LE ZEBRE, L'ONAGRE OU KOULAN ET LE DIJGGTAI

EQUUS ZEBRA (L.) — EQUUS MONTANUS (BURCHELL.) ET EQUUS HEMIONUS (PALL.)

Le zèbre est peut-être de tous les animaux quadrupèdes le mieux fait et le plus élégamment vêtu. Il a la figure et les grâces du cheval, la légèreté du cerf, et la robe rayée de rubans noirs et blancs, disposés alternativement avec tant de régularité et de symétrie, qu'il semble que la nature ait employé la règle et le compas pour la peindre : ces bandes alternatives de noir et de blanc sont d'autant plus singulières, qu'elles sont étroites, parallèles et très-exactement séparées, comme dans une étoffe rayée; que d'ailleurs elles s'étendent non-seulement sur le corps, mais sur la tête, sur les cuisses et les jambes, et jusque sur les oreilles et la queue; en sorte que de loin cet animal paraît comme s'il était environné partout de bandelettes qu'on aurait pris plaisir et employé beaucoup d'art à disposer régulièrement sur toutes les parties de son corps, elles en suivent les contours et en marquent si avantageu-

[1] Le cheval et l'âne, décrits précédemment, appartiennent à cette famille.

sement la forme, qu'elles en dessinent les muscles en s'élargissant plus ou moins sur les parties plus ou moins charnues et plus ou moins arrondies. Dans la femelle, ces bandes sont alternativement noires et blanches ; dans le mâle, elles sont noires et jaunes, mais toujours d'une nuance vive et brillante sur un poil court, fin et fourni, dont le lustre augmente encore la beauté des couleurs. Le zèbre est en général plus petit que le cheval et plus grand

que l'âne ; et, quoiqu'on l'ait souvent comparé à ces deux animaux, qu'on l'ait même appelé *cheval sauvage et même âne rayé*, il n'est la copie ni de l'un ni de l'autre, et serait plutôt leur modèle, si dans la nature tout n'était pas également original, et si chaque espèce n'avait pas un droit égal à la création.

Le zèbre n'est donc ni un cheval ni un âne, il est de son espèce.

Le zèbre n'est pas l'animal que les anciens nous ont indiqué sous le nom d'*onagre*. Il existe dans le Levant, dans l'orient de l'Asie et dans la partie septentrionale de l'Afrique, une très-belle race d'ânes, qui, comme celles des plus beaux chevaux, est originaire d'Arabie : cette race diffère de la race commune par la grandeur du corps, la légèreté des jambes et le lustre du poil; ils sont de couleur uniforme, ordinairement d'un beau gris de souris, avec une croix noire sur le dos et sur les épaules ; quelquefois ils sont d'un gris plus clair avec une croix blonde. Les onagres ne diffèrent des ânes domestiques que par les attributs de l'indépendance et de la liberté ; ils sont plus forts et plus légers, ils ont plus de courage et de vivacité : mais ils sont les mêmes pour la forme du corps ; ils ont seulement le poil beaucoup plus long, et cette différence tient encore à leur état; car nos ânes auraient également le poil long, si l'on n'avait pas soin de les tondre à l'âge de quatre ou cinq mois : les ânons ont, dans les premiers temps, le poil long, à peu près comme les jeunes ours. Le cuir des ânes sauvages est aussi plus dur que celui des ânes domestiques : on assure qu'il est chargé partout de petits tubercules, et que c'est avec cette peau des onagres qu'on fait dans le Levant le cuir ferme et grenu qu'on appelle *chagrin*, et que nous employons à différents usages. Mais ni les onagres ni les beaux ânes d'Arabie ne peuvent être regardés comme la souche de l'espèce du zèbre, quoiqu'ils en approchent par la forme du corps et par la légèreté; jamais on n'a vu ni sur les uns ni sur les autres la variété régulière des couleurs du zèbre : cette belle espèce est singulière et unique dans son genre.

Elle est aussi d'un climat différent de celui des onagres, et ne se trouve que dans les parties les plus orientales et les plus méridionales de l'Afrique, depuis l'Abyssinie jusqu'au cap de Bonne-Espérance, et de là jusqu'au Congo : elle n'existe ni en Europe, ni en Asie, ni en Amérique, ni même dans toutes les parties septentrionales de l'Afrique. Ceux que quelques voyageurs disent avoir trouvés au Brésil y avaient été transportés d'Afrique; ceux que d'autres racontent avoir vus en Perse et en Turquie y avaient été amenés d'Abyssinie : et enfin ceux que nous avons vus en Europe sont presque tous venus du cap de Bonne-Espérance : cette pointe de l'Afrique est leur vrai climat, leur pays natal, où ils sont en grande quantité, et où les Hollandais ont employé tous leurs soins pour les dompter et pour les rendre domestiques, sans avoir jusqu'ici pleinement réussi. Celui que nous avons vu était très-sauvage lorsqu'il arriva à la ménagerie du roi, et il ne s'est jamais entièrement apprivoisé : cependant on est parvenu à le monter; mais il fallait des précautions, deux hommes tenaient la bride pendant qu'un troisième était dessus : il avait la bouche très-dure, les oreilles si sensibles, qu'il ruait dès qu'on voulait les toucher. Il était rétif comme un cheval vicieux, et têtu comme un mulet. Mais peut-être le cheval sauvage et l'onagre sont aussi peu traitables, et il y a toute apparence que, si l'on accoutumait dès le premier âge le zèbre à l'obéissance et à la domesticité, il deviendrait aussi doux que l'âne et le cheval, et pourrait les remplacer tous deux.

« On trouve dans le pays des Mongols, m'a écrit M. Forster, une grande quantité de chevaux sauvages ou *tarpans*, et un autre animal appelé *dijggtaï*, ce qui, dans la langue mongole, signifie *longue oreille*. Ces animaux vont par troupes : on en voit quelques-uns dans les déserts voisins de l'empire de Russie et dans le grand désert de Cobi : ils sont en troupes de vingt, trente et même cent. La vitesse de cet animal surpasse de beaucoup celle du meilleur coursier parmi les chevaux; toutes les nations tartares en conviennent : une mauvaise qualité de cet animal, c'est qu'il reste toujours indomptable. Un Cosaque ayant attrapé un de ces jeunes dijggtaïs, et l'ayant nourri pendant plusieurs mois, ne put le conserver; car il se tua lui-même par les efforts qu'il fit pour s'échapper, ou se soustraire à l'obéissance.

« Chaque troupe de dijggtaïs a son chef, comme dans les tarpans ou chevaux sauvages. Si le dijggtaï-chef découvre ou sent de loin quelque chasseur, il quitte sa troupe, et va seul reconnaître le danger; et, dès qu'il s'en est assuré, il donne le signal de la fuite, et s'enfuit en effet suivi de sa troupe : mais, si malheureusement ce chef est tué, la troupe n'étant plus conduite, se disperse, et les chasseurs sont sûrs d'en tuer plusieurs autres. Les dijggtaïs se trouvent principalement dans les déserts des Mongols et dans celui qu'on appelle Cobi : c'est une espèce moyenne entre l'âne et le cheval, ce qui a donné occasion au docteur Messerschmidt d'appeler cet animal *mulet de Daourie*, parce qu'il a quelque ressemblance avec le mulet, quoique réellement il soit infiniment plus beau. Il est de la grandeur d'un mulet de moyenne taille; la tête est un peu lourde; les oreilles sont droites, plus longues qu'aux chevaux, mais plus courtes qu'aux mulets.

le poitrail est grand, carré en bas et un peu comprimé. La crinière est courte et hérissée, et la queue est entièrement semblable à celle de l'âne; les cornes des pieds sont petites; ainsi le dijggtaï ressemble à l'âne par la crinière, la queue et les sabots. Il a aussi les jambes moins charnues que le cheval, et l'encolure encore plus légère et plus leste. Les pieds et la partie inférieure des jambes sont minces et bien faits. L'épine du dos est droite et formée comme celle d'un âne, mais cependant un peu plate. La couleur dominante, dans ces animaux, est le brun jaunâtre. La tête, depuis les yeux jusqu'au muffle, est d'un fauve jaunâtre; l'intérieur des jambes est de cette même couleur; la crinière et la queue sont presque noires, et il y a le long du dos une bande de brun noirâtre, qui s'élargit sur le train de derrière, et se rétrécit vers la queue. En hiver, leur poil devient fort long et ondoyé; mais en été il est ras et poli. Ces animaux portent la tête haute, et présentent, en courant, le nez au vent. Les Toungouses et d'autres nations voisines du grand désert regardent leur chair comme une viande délicieuse.

« Outre les tarpans ou chevaux sauvages, et les dijggtaïs ou mulets de Daourie, on trouve, dans les grands déserts au delà du Jaïk, et dans le voisinage du lac Aral, une troisième espèce d'animal que les Kirguises et les Kalmouks appellent *koulan* ou *khoulan*, qui paraît être l'*onager* ou l'*onagre* des auteurs, et qui semble faire une nuance entre le dijggtaï et l'âne. Les koulans vivent en été dans les grands déserts dont nous venons de parler, et ils se retirent, à l'approche de l'hiver, vers les confins de la Perse et des Indes. Ils courent avec une vitesse incroyable; on n'a jamais pu venir à bout d'en dompter un seul, et il y en a des troupeaux de plusieurs mille ensemble. Ils sont plus grands que les tarpans, mais moins que les dijggtaïs. Leur poil est d'un beau gris, quelquefois avec une nuance légèrement bleuâtre, et d'autres fois avec un mélange de fauve; ils portent le long du dos une bande noire, et une autre bande de même couleur traverse le garrot et descend sur les épaules. Leur queue est parfaitement semblable à celle de l'âne; mais les oreilles sont moins grandes et moins amples.

« A l'égard des zèbres, j'ai eu occasion de les bien examiner dans mes séjours au cap de Bonne-Espérance, et j'ai reconnu dans cette espèce une variété qui diffère du zèbre ordinaire, en ce qu'au lieu de bandes ou raies brunes et noires dont le fond de son poil blanc est rayé, celui-ci au contraire est d'un brun roussâtre, avec très-peu de bandes larges, et d'une teinte faible et blanchâtre; on a même peine à reconnaître et distinguer ces bandes blanchâtres dans quelques individus qui ont une couleur uniforme de brun roussâtre, et dont les bandes ne sont que des nuances peu distinctes d'une teinte un peu plus pâle; ils ont, comme les autres zèbres, le bout du museau et les pieds blanchâtres, et ils leur ressemblent en tout, à l'exception des belles raies de la robe.

CHEIROPTÈRES[1]

LA GRANDE SÉROTINE DE LA GUYANE

VESPERTILIO GUYANENSIS

C'est à celle que nous avons appelée *sérotine* de notre climat que cette grosse chauve-souris de la Guyane ressemble le plus; mais elle en diffère beaucoup par la grandeur, la sérotine n'ayant que deux pouces sept lignes, au lieu que cette chauve-souris de la Guyane a cinq pouces huit lignes de longueur : elle a cependant le museau plus long, et la tête d'une forme plus allongée et moins couverte de poil au sommet que celle de la sérotine; les oreilles paraissent aussi être plus grandes, ayant treize lignes de longueur sur neuf lignes d'ouverture à la base; en sorte qu'indépendamment de la très-grande différence de grandeur et de l'éloignement des climats, cette chauve-souris de la Guyane ne peut pas être regardée comme une variété dans l'espèce de la sérotine : cependant, comme elle ressemble beaucoup plus à la sérotine qu'à aucune

[1] Ce nom est formé de deux mots grecs : l'un signifie *main*, l'autre signifie *aile*. – Les chauves-souris décrites précédemment appartiennent à cette famille.

autre chauve-souris, nous l'avons désignée par le nom de *grande sérotine de la Guyane*, afin que les voyageurs puissent la distinguer aisément du vampire et des autres chauves-souris de ces climats éloignés.

Elle est très-commune aux environs de la ville de Cayenne. On voit ces grandes chauves-souris se rassembler en nombre le soir, et voltiger dans les endroits découverts, surtout au-dessus des prairies ; les engoule-vents se mêlent avec ces légions de chauves-souris; et quelquefois ces troupes mêlées d'oiseaux et de quadrupèdes volants sont si nombreuses et si serrées, que l'horizon en paraît couvert.

Cette grande sérotine a les poils du dessus du corps d'un roux marron; les côtés du corps d'un jaune clair. Sur le dos, le poil est long de quatre lignes; mais sur le reste du corps il est un peu moins long que celui des sérotines de l'Europe; il est très-court et d'un blanc sale sous le ventre, ainsi que sur le dedans des jambes : les ongles sont blancs et crochus. L'envergure des membranes qui lui servent d'ailes est d'environ dix-huit pouces; ces membranes sont de couleur noirâtre, ainsi que la queue.

LA ROUSSETTE, LA ROUGETTE ET LE VAMPIRE

PTEROPUS VULGARIS (GEOFF.) — PTEROPUS RUBRICOLLIS (GEOFF.) — PHILLOSTOMA SPECTRUM (CUV.)

La roussette et la rougette nous paraissent faire deux espèces distinctes, mais qui sont si voisines l'une de l'autre, et qui se ressemblent à tant d'égards, que nous croyons devoir les présenter ensemble : la seconde ne diffère de la première que par la grandeur du corps et les couleurs du poil. La roussette, dont le poil est d'un roux brun, a neuf pouces de longueur depuis le bout du museau jusqu'à l'extrémité du corps, et trois pieds d'envergure lorsque les membranes qui lui servent d'ailes sont étendues : la rougette, dont le poil est cendré brun, n'a guère que cinq pouces et demi de longueur et deux pieds d'envergure; elle porte sur le cou un demi-collier d'un rouge vif, mêlé d'orangé, dont on n'aperçoit aucun vestige sur le cou de la roussette. Elles sont toutes deux à peu près des mêmes climats chauds de l'ancien continent; on les trouve à Madagascar, à l'île de Bourbon, à Ternate, aux Philippines, et dans les autres îles de l'Archipel indien, où il paraît qu'elles sont plus communes que dans la terre ferme des continents voisins.

On trouve aussi dans les pays les plus chauds du nouveau monde un autre quadrupède volant, dont on ne nous a pas transmis le nom américain, et que nous appellerons *vampire*, parce qu'il suce le sang des hommes et des animaux qui dorment, sans leur causer assez de douleur pour les éveiller. Cet animal d'Amérique est d'une espèce différente de celle de la roussette et de la rougette, qui toutes deux ne se trouvent qu'en Afrique et dans l'Asie méridionale. Le vampire est plus petit que la rougette, qui est plus petite elle-même que la roussette. Le premier, lorsqu'il vole, paraît être de la grosseur d'un pigeon ; la seconde, de la grandeur d'un corbeau; et la troisième, de celle d'une grosse poule. La rougette et la roussette ont toutes deux la tête assez bien faite, les oreilles courtes, le museau bien arrondi, et à peu près de la forme de celui d'un chien : le vampire, au contraire, a le museau plus allongé; il a l'aspect hideux comme les plus laides chauves-souris, la tête informe et surmontée de grandes oreilles fort ouvertes et fort droites; il a le nez contrefait, les narines en entonnoir, avec une membrane au-dessus qui s'élève en forme de corne ou de crête pointue, et qui augmente de beaucoup la difformité de sa face. Ainsi l'on ne peut douter que cette espèce ne soit tout autre que celle de la roussette et de la rougette. Le vampire est aussi mal-

faisant que difforme; il inquiète l'homme, tourmente et détruit les animaux. Nous ne pouvons citer un témoignage plus authentique et plus récent que celui de M. de la Condamine. « Les chauves-souris, dit-il, qui sucent le sang des chevaux, des mulets, et même des hommes quand ils ne s'en garantissent pas en dormant à l'abri d'un pavilion, sont un fléau commun à la plupart des pays chauds de l'Amérique. Il y en a de monstrueuses pour la grosseur; elles ont entièrement détruit, en divers endroits, le gros bétail que les missionnaires y avaient introduit. » Ces faits sont confirmés par plusieurs autres historiens et voyageurs. Pierre Marty, qui a écrit assez peu de temps après la conquête de l'Amérique méridionale, dit qu'il y a dans les terres de l'isthme de Darien des chauves-souris qui sucent le sang des hommes et des animaux pendant qu'ils dorment, jusqu'à les épuiser, et même au point de les faire mourir. Jumilla assure la même chose, aussi bien que don George Juan et don Antoine de Ulloa. Il paraît, en conférant ces témoignages, que l'espèce de ces chauves-souris qui sucent le sang est nombreuse et très-commune dans toute l'Amérique méridionale : néanmoins nous n'avons pu jusqu'ici nous en procurer un seul individu ; mais on peut voir dans Seba la figure et la description de cet animal, dont le nez est si extraordinaire, que je suis très-étonné que les voyageurs ne l'aient pas remarqué, et ne se soient point écriés sur cette difformité qui saute aux yeux, et de laquelle cependant ils n'ont fait aucune mention. Il se pourrait donc que l'animal étrange dont Seba nous a donné la figure ne fût pas celui que nous indiquons ici sous le nom de *vampire*, c'est-à-dire celui qui suce le sang; il se pourrait aussi que cette figure de Seba fût infidèle ou chargée; enfin il se pourrait que ce nez difforme fût une monstruosité ou une variété accidentelle, quoiqu'il y ait des exemples de ces difformités constantes dans quelques autres espèces de chauves-souris. Le temps éclaircira ces obscurités et fixera nos incertitudes.

A l'égard de la roussette et de la rougette, elles sont toutes deux au cabinet du roi, et elles sont venues de l'île de Bourbon. Ces deux espèces ne se trouvent que dans l'ancien continent, et ne sont nulle part aussi nombreuses en Afrique et en Asie que celle du vampire l'est en Amérique. Ces animaux sont plus grands, plus forts, et peut-être plus méchants que le vampire; mais c'est à force ouverte, en plein jour aussi bien que la nuit, qu'ils font leur dégât : ils tuent les volailles et les petits animaux; ils se jettent même sur les hommes, les insultent et les blessent au visage par des morsures cruelles, et aucun voyageur ne dit qu'ils sucent le sang des hommes et des animaux endormis.

Les roussettes sont des animaux carnassiers, voraces, et qui mangent de tout; car, lorsque la chair ou le poisson leur manque, elles se nourrissent de végétaux et de fruits de toute espèce : elles boivent le suc des palmiers, et il est aisé de les enivrer et de les prendre en mettant à portée de leur retraite des vases remplis d'eau de palmier ou de quelque autre liqueur fermentée. Elles s'attachent et se suspendent aux arbres avec leurs ongles : elles vont ordinairement en troupes, et plus la nuit que le jour; elles fuient les lieux trop fréquentés, et demeurent dans des déserts, surtout dans les îles inhabitées. La chair de ces animaux, surtout lorsqu'ils sont jeunes, n'est pas mauvaise à manger; les Indiens la trouvent bonne, et ils en comparent le goût à celui de la perdrix ou du lapin.

ADDITION A L'ARTICLE DU VAMPIRE

Walleston, célèbre voyageur anglais, raconte que, lui et un de ses amis s'étant endormis dans un endroit assez écarté d'une des forêts de l'Amérique septentrionale, il fut, au milieu de la nuit, réveillé par les cris de son compagnon, cris étouffés, râle de l'agonie ; en vain il lui demande la cause de ses douleurs, des sons inarticulés sortent de sa bouche. Enfin il s'approche, et à travers les hautes herbes sur lesquelles celui-ci était étendu il aperçoit un vampire collé à l'extrémité d'une de ses jambes et qui lui suçait le sang ; il donna un fort coup de poing à l'animal, qui s'envola lourdement en poussant une sorte de grognement de colère. La blessure qu'il avait faite saigna pendant quelques instants ; mais, grâce à des soins empressés, elle ne fut pas mortelle, et put passer pour une forte saignée pratiquée par les dents d'un vampire au lieu de l'être par la lancette d'un médecin.

A. B. Morin.

LA CHAUVE-SOURIS FER-DE-LANCE

PHYLLOSTOMA HASTATUM (GEOFF.)

Dans le grand nombre d'espèces de chauves-souris qui n'étaient ni nommées ni connues, nous en avons indiqué quelques-unes par des noms empruntés des langues étrangères, d'autres par des dénominations tirées de leur caractère le plus frappant : il y en a une que nous avons appelée *le fer-à-cheval*, parce qu'elle porte au-devant de sa face un relief exactement semblable à la forme d'un fer à cheval. Nous nommons de même celle dont il est ici question, *le fer-de-lance*, parce qu'elle présente une crête ou membrane en forme de trèfle très-pointu, et qui ressemble parfaitement à un fer de lance garni de ses oreillons. Quoique ce caractère suffise seul pour la faire reconnaître et distinguer de toutes les autres, on peut encore ajouter qu'elle n'a presque point de queue; qu'elle est à peu près du même poil et de la même grosseur que la chauve-souris commune; mais qu'au lieu d'avoir, comme elle et comme la plupart des autres chauves-souris, six dents incisives à la mâchoire inférieure, elle n'en a que quatre. Au reste, cette espèce, qui est fort commune en Amérique, ne se trouve point en Europe

Il y a au Sénégal une autre chauve-souris qui a aussi une membrane sur le nez; mais cette membrane, au lieu d'avoir la forme d'un fer de lance ou d'un fer à cheval, comme dans les deux chauves-souris dont nous venons de faire mention, a une figure plus simple et ressemble à une feuille ovale. Ces trois chauves-souris, étant de différents climats, ne sont pas de simples variétés, mais des espèces distinctes et séparées. M. Daubenton a donné la description de cette chauve-souris du Sénégal sous le nom de la *feuille* dans les *Mémoires de l'Académie des sciences*, année 1759.

Les chauves-souris, qui ont déjà de grands rapports avec les oiseaux par leur vol, par leurs ailes et par la force des muscles pectoraux, paraissent s'en approcher encore par ces membranes ou crêtes qu'elles ont sur la face : ces parties excédantes, qui ne se présentent d'abord que comme des difformités superflues, sont les caractères réels et les nuances visibles de l'ambiguïté de la nature entre ces quadrupèdes volants et les oiseaux; car la plupart de ceux-ci ont aussi des membranes et des crêtes autour du bec et de la tête, qui paraissent tout aussi superflues que celles des chauves-souris.

LA CHAUVE-SOURIS CÉPHALOTE

CEPHALOTES PERONII (GM.) — RHINOLOPHUS SORICINUS (LAC.)

Cette espèce de chauve-souris, jusqu'à présent inconnue des naturalistes, se trouve aux îles Moluques, d'où on a envoyé deux individus femelles à M. Schlosser à Amsterdam. La femelle ne produit qu'un petit.

Il appelle cette chauve-souris *céphalote*, parce qu'elle a la tête plus grosse à proportion du corps que les autres chauves-souris; le cou y est aussi plus distinct, parce qu'il est moins couvert de poil.

Cette chauve-souris, continue M. Pallas, diffère de toutes les autres par les dents, qui ont quelque ressemblance avec les dents des souris ou même des hérissons, paraissant plutôt faites pour entamer les fruits que pour déchirer une proie : les dents canines, dans la mâchoire supérieure, sont séparées par deux petites dents; et dans la mâchoire inférieure ces petites dents manquent, et les deux canines de cette mâchoire sont comme les incisives dans les souris.

PHOCACÉS

PHOQUES, MORSES ET LAMANTINS

LE GRAND PHOQUE A MUSEAU RIDÉ

PHOCA LEONINA (L.) — MACRORHINA LEONINA (FRÉD. CUV.)

La plus grande espèce des phoques est celle du phoque à museau ridé. Plusieurs voyageurs, et particulièrement le rédacteur du *Voyage d'Anson*, l'ont indiqué mal à propos sous la dénomination de lion marin, puisque le vrai lion marin porte une crinière que celui-ci n'a pas, et qu'ils diffèrent encore entre eux par la taille et par la forme de plusieurs parties du corps; en sorte que le phoque à museau ridé n'a de commun avec le vrai lion marin que d'habiter les côtes et îles désertes, et de se trouver comme lui dans les mers des deux hémisphères.

Nous nommons aujourd'hui cet animal *phoque à museau ridé*, parce qu'il a sur le nez une peau ridée et mobile qui peut se remplir d'air ou se gonfler, et se gonfle en effet lorsque l'animal est agité de quelque passion :

mais nous devons observer que cette peau en forme de crête est monstrueusement exagérée dans la figure donnée par le rédacteur du *Voyage d'Anson*, et qu'elle est réellement beaucoup plus petite dans la nature.

Ce grand et gros animal est d'un naturel très-indolent; c'est même de tous les phoques celui qui paraît être le moins redoutable, malgré sa forte taille. Penrose dit que ses matelots s'amusaient à monter sur ces phoques comme sur des chevaux, et que, quand ils n'allaient pas assez vite, ils leur faisaient doubler le pas en les piquant à coups de stylet ou de couteau, et leur faisant même des incisions dans la peau.

Celui-ci est couvert d'un poil rude très-court, luisant et d'une couleur cendrée, mêlée quelquefois d'une légère teinte d'olive; son corps, dont la longueur est ordinairement de quinze à dix-huit pieds anglais, et quelquefois de vingt-quatre à vingt-cinq, est assez épais auprès des épaules, et va toujours en diminuant jusqu'à la queue.

Un seul de ces animaux, auquel on coupa la gorge, et dont on recueillit le sang, en donna deux barriques, sans compter celui qui restait dans les vaisseaux de son corps. Leur peau est couverte d'un poil court, d'une couleur tanné clair : mais leur queue et leurs pieds sont noirâtres. Leurs doigts sont réunis par une membrane qui ne s'étend pas jusqu'à leur extrémité, et qui dans chacun est terminée par un ongle. Ces animaux sont de vrais amphibies : ils passent tout l'été dans la mer et tout l'hiver à terre.

Pendant tout le temps qu'ils sont à terre, ces phoques vivent de l'herbe qui croît sur le bord des eaux courantes; et le temps qu'ils ne paissent pas, ils l'emploient à dormir dans la fange : ils paraissent d'un naturel fort pesant, et sont fort difficiles à réveiller; mais ils ont la précaution de placer des sentinelles autour de l'endroit où ils dorment, et l'on dit que ces sentinelles ont grand soin de les éveiller dès qu'on approche. Leurs cris sont fort bruyants et de tons différents : tantôt ils grognent comme des cochons, et tantôt ils hennissent comme des chevaux. Ils se battent souvent. La chair de ces animaux n'est pas mauvaise à manger; la langue surtout est aussi bonne que celle du boeuf.

LE PHOQUE COMMUN

PHOCA VITULINA (L.)

Cette espèce est celle du phoque commun d'Europe que l'on nomme assez indifféremment *veau marin, loup marin* et *chien marin;* on donne aussi ces mêmes noms à quelques-uns des autres phoques dont nous venons de parler. Cette espèce se trouve non-seulement dans la mer Baltique et dans tout l'Océan, depuis le Groënland jusqu'aux îles Canaries et au cap de Bonne-Espérance, mais encore dans la Méditerranée et dans la mer Noire. M. Kracheninnikow et M. Pallas disent qu'il y en a même dans la mer Caspienne et dans le lac Baikal, où l'eau est douce et non salée, ainsi que dans les lacs Onega et Ladoga en Russie; ce qui semble prouver que cette espèce est presque universellement répandue, et qu'elle peut vivre également dans la mer et dans les eaux douces des climats froids et tempérés.

Le voyageur Denis parle d'une espèce de phoque, de taille moyenne, qui se trouve sur les côtes de l'Acadie, et le P. du Tertre rapporte, d'après lui, que ces petits phoques ne s'éloignent jamais beaucoup du rivage.

Lorsqu'ils sont sur la terre, il y en a toujours quelqu'un, dit-il, qui fait sentinelle; au premier signal qu'il donne, tous se jettent dans la mer : au bout de quelque temps, ils se rapprochent de terre et s'élèvent sur leurs pattes de

derrière pour voir s'il n'y a rien à craindre; mais, malgré cela, on en prend un très-grand nombre à terre, et il n'est presque pas possible de les avoir autrement... Mais, quand ces phoques entrent avec la marée dans les anses, il est aisé de les prendre en très-grande quantité : on en ferme l'entrée avec des filets et des pieux, on n'y laisse de libre qu'un fort petit espace par où ces phoques se glissent dès que la marée est haute; on bouche cette ouverture dès que la mer est retirée, et, ces animaux étant restés à sec, on n'a que la peine de les assommer. On les suit en canot dans les endroits où il y en a beaucoup; et quand ils mettent la tête hors de l'eau pour respirer, on tire dessus : s'ils ne sont que blessés, on les prend sans peine; mais, s'ils sont tués roides, ils vont d'abord au fond, où de gros chiens dressés pour cette chasse vont les pêcher à sept ou huit brasses de profondeur.

L'OURS MARIN

PHOCA URSINA (L.) — OTARIA URSINA (PER.)

L'ours marin n'est pas le plus grand des phoques à oreilles, mais c'est celui dont l'espèce est la plus nombreuse et la plus répandue : c'est un animal tout différent de l'ours de mer blanc, dont nous avons parlé ci-devant; ce dernier est un quadrupède du genre de l'ours terrestre, et l'ours marin dont il s'agit ici est un véritable amphibie de la famille des phoques.

De tous les animaux de ce genre, l'ours marin paraît être celui qui fait les plus grands voyages; son tempérament n'est pas soumis ou s'accommode à l'influence de tous les climats· on le trouve dans toutes les mers et autour des îles peu fréquentées; on le rencontre en troupes nombreuses dans la mer de Kamtschatka, et sur les îles inhabitées qui sont entre l'Asie et l'Amérique. M. Steller a eu le temps de l'observer à l'île de Behring, après son malheureux naufrage; il nous apprend que ces animaux quittent au mois de juin les côtes de Kamtschatka, et qu'ils reviennent à la fin d'août ou au commencement de septembre pour y passer l'automne et l'hiver.

Ces ours marins ne craignent aucun des autres animaux de la mer : cependant ils paraissent fléchir devant le lion marin ; car ils l'évitent avec soin et ne s'en approchent jamais, quoique souvent établis sur le même terrain ; mais ils font une guerre cruelle à la loutre marine (saricovienne) qui, étant plus petite et plus faible, ne peut se défendre contre eux. Ces animaux, qui paraissent très-féroces par les combats qu'ils se livrent, ne sont cependant ni dangereux ni redoutables ; ils ne cherchent pas même à se défendre contre l'homme, et ils ne sont à craindre que lorsqu'on les réduit au désespoir et qu'on les serre de si près, qu'ils ne peuvent fuir.

La manière dont ils vivent et agissent entre eux est assez remarquable; ils paraissent aimer passionnément leur famille : si un étranger vient à bout d'en enlever un individu, ils en témoignent leur regret en versant des larmes ; ils en versent encore lorsque quelqu'un de leur famille, qu'ils ont maltraité, se rapproche et vient demander grâce. Ainsi, dans ces animaux, il paraît que la tendresse succède à la sévérité, et que c'est toujours à regret qu'ils punissent leurs petits.

Ils ont tous les sens, et surtout l'odorat, très-bons ; car ils sont avertis par ce sens même pendant le sommeil, et ils s'éveillent lorsqu'on s'avance vers eux, quoiqu'on en soit encore loin.

Ils ne marchent pas aussi lentement que la conformation de leurs pieds semblerait l'indiquer; il faut même être bon cou eur pour les atteindre : ils nagent avec beaucoup de célérité, et au point de parcourir en une heure une étendue de plus d'un mille d'Allemagne. Lorsqu'ils se délectent ou qu'ils s'amusent près du rivage, ils font dans l'eau différentes évolutions; tantôt ils nagent sur le dos et tantôt sur le ventre; ils paraissent même assez souvent se tenir dans une situation presque verticale; ils se roulent, ils se plongent et s'élancent quelquefois hors de l'eau à la hauteur de quelques pieds : dans la pleine mer, ils se tiennent presque toujours sur le dos, sans néanmoins que l'on voie leurs pieds de devant, mais seulement ceux de

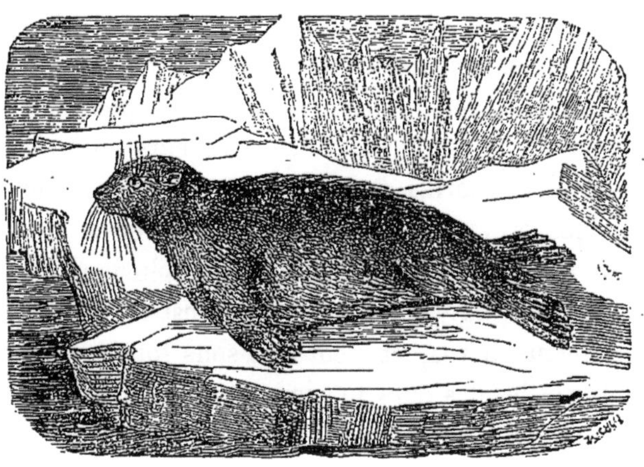

derrière, qu'ils élèvent de temps en temps au-dessus de l'eau; ils prennent au fond de la mer les crabes et autres crustacés et coquillages dont ils se nourrissent lorsque le poisson leur manque.

Le poids des plus grands ours marins des mers de Kamtschatka est d'environ vingt puds de Russie, c'est-à-dire de huit cents de nos livres, et leur longueur n'excède pas huit à neuf pieds : il en est de même de ceux qui se trouvent à la terre des États et dans plusieurs îles de l'hémisphère austral, où les voyageurs ont reconnu ces mêmes ours marins, et en ont observé d'autres bien plus petits.

LE LION MARIN

PHOCA JUBATA (GM.) — OTARIA JUBATA (PER.

La plus grande des espèces de phoques à oreilles externes est celle du lion marin : il est, sans comparaison, plus puissant et plus gros que l'ours marin.

M. Forster a vu des troupes de lions marins sur les côtes des terres Magellaniques, et dans quelques endroits de l'hémisphère austral; d'autres voyageurs ont reconnu ces mêmes lions marins dans les mers du Nord, sur les îles Kourilles et au Kamtschatka. M. Steller a, pour ainsi dire, vécu, au milieu d'eux pendant plusieurs mois dans l'île de Behring. Ainsi l'espèce en est répandue dans les deux hémisphères, et peut-être sous toutes les latitudes, comme celles des ours marins, et de la plupart des phoques.

Les lions marins se tiennent et vont en grandes familles, cependant moins nombreuses que celles des ours marins, avec lesquels on les voit quelquefois sur le même rivage. La présence ou la voix de l'homme les fait fuir et se jeter à l'eau; car, quoique ces animaux soient bien plus grands et plus forts que les ours marins, ils sont néanmoins plus timides; lorsqu'un homme les attaque avec un simple bâton, ils se défendent rarement et fuient en gémissant : jamais ils n'attaquent ni n'offensent, et l'on peut se trouver au milieu d'eux sans avoir rien à craindre; ils ne deviennent dangereux que quand on les blesse grièvement ou qu'on les réduit aux abois; la nécessité leur donne alors de la fureur, ils font face à l'ennemi, et combattent avec d'autant plus de courage qu'ils sont plus maltraités. Les chasseurs cherchent à les surprendre sur la terre plutôt que dans la mer, parce qu'ils renversent souvent les barques lorsqu'ils se sentent blessés. Comme ces animaux sont puissants, massifs et très-forts, c'est une espèce de gloire parmi les Kamtschatkales que de tuer un lion marin; l'homme dans l'état de nature fait plus de cas que nous du courage personnel : ces sauvages, excités par cette idée de gloire, s'exposent au plus grand péril; ils vont chercher des lions marins en errant plusieurs jours de suite sur les flots de la mer, sans autre boussole que le soleil et la lune; ordinairement ils les assomment à coups de perches, et quelquefois ils leur lancent des flèches empoisonnées qui les font mourir en moins de vingt-quatre heures, ou bien ils les prennent vivants avec des cordes de lianes dont ils leur embarrassent les pieds.

Les lions marins marchent de la même manière que les ours marins, c'est-à-dire en se traînant sur la terre à l'aide de leurs pieds de devant, mais c'est encore plus pesamment et de plus mauvaise grâce. Il y en a qui sont si lourds, et ce sont probablement les vieux, qu'ils ne quittent pas la pierre qu'ils ont choisie pour leur siége, et sur laquelle ils passent leur jour entier à ronfler et à dormir. Les jeunes ont aussi moins de vivacité que les jeunes ours marins : on les trouve souvent endormis sur le rivage; mais leur sommeil est si peu profond, qu'au moindre bruit ils s'éveillent et fuient du côté de la mer. Lorsque les petits sont fatigués de nager, ils se mettent sur le dos de leur mère; mais le père ne les y souffre pas longtemps et les en fait tomber, comme pour les forcer de s'exercer et de se fortifier dans l'exercice de la nage. En général, tous ces lions marins, tant adultes que jeunes, nagent avec beaucoup de vitesse et de légèreté; ils peuvent aussi demeurer fort longtemps sous l'eau sans respirer. Ils exha-

lent une odeur forte et qui se répand au loin. Leur chair est presque noire et d'assez mauvais goût; cependant M. Steller dit que la chair des pieds ou nageoires de derrière est très-bonne à manger; mais peut-être n'est-ce que pour des voyageurs, d'autant moins difficiles que ceux-ci manquaient, pour ainsi dire, de tout autre aliment; ils disent que la chair des jeunes est blanchâtre et peut se manger, quoiqu'elle soit un peu fade et assez désagréable au goût : leur graisse est très-abondante et assez semblable à celle de l'ours marin, et, quoique moins huileuse que celle des autres phoques, elle n'en est pas plus mangeable. Cette grande quantité de graisse et leur fourrure épaisse les défendent contre le froid dans les régions glaciales ; mais il semble qu'elles devraient leur nuire dans les climats chauds, d'autant qu'on ne s'est point aperçu d'aucune mue dans le poil, ni de diminution de leur embonpoint, dans quelque latitude qu'on les ait rencontrés : ces animaux amphibies diffèrent donc en cela des animaux terrestres, qui changent de poil lorsqu'on les transporte dans des climats différents.

Le lion marin diffère aussi de tous les autres animaux de la mer par un caractère qui lui a fait donner son nom, et qui lui donne en effet quelque ressemblance extérieure avec le lion terrestre : c'est une crinière de poils épais, ondoyants, longs de deux à trois pouces et de couleur jaune foncée, qui s'étend sur le front, les joues, le cou et la poitrine ; cette crinière se hérisse lorsqu'il est irrité, et lui donne un air menaçant.

Le poids de ce gros animal est d'environ quinze à seize cents livres, et sa longueur de dix à douze pieds, lorsqu'il a pris tout son accroissement.

LE MORSE ou VACHE MARINE

TRICHECUS ROSMARUS

Le nom de *vache marine*, sous lequel le morse est le plus généralement connu, a été très-mal appliqué, puisque l'animal qu'il désigne ne ressemble en rien à la vache terrestre : le nom d'*éléphant de mer*, que d'autres lui ont donné, est mieux imaginé, parce qu'il est fondé sur un rapport unique et sur un caractère très-apparent. Le morse a, comme l'éléphant, deux grandes défenses d'ivoire qui sortent de la mâchoire supérieure, et il a la tête conformée ou plutôt déformée de la même manière que l'éléphant, auquel il ressemblerait en entier par cette partie capitale, s'il avait une trompe : mais le morse est non-seulement privé de cet instrument, qui sert de bras et de main à l'éléphant, il l'est encore de l'usage des vrais bras et des jambes. Ces membres sont, comme dans les phoques, enfermés sous sa peau ; ils ne sont au dehors que les deux mains et les deux pieds. Son corps est alongé, renflé par la partie de l'avant, étroit vers celle de l'arrière, partout couvert d'un poil court ; les doigts des pieds et des mains sont enveloppés dans une membrane, et terminés par des ongles courts et pointus ; de grosses soies en forme de moustaches environnent la gueule ; la langue est échancrée, il n'y a point de conque aux oreilles, etc. ; en sorte qu'à l'exception des deux grandes défenses qui lui changent la forme de la tête, et des dents incisives qui lui manquent en haut et en bas, le morse ressemble pour tout le reste au phoque ; il est seulement beaucoup plus grand, plus gros et plus fort. Les plus grands phoques n'ont tout au plus que sept ou huit pieds ; le morse en a communément douze, et il s'en trouve de seize pieds de longueur et de huit ou neuf pieds de tour. Il a encore de commun avec les phoques d'habiter les mêmes lieux, et on les trouve presque toujours ensemble : ils ont beaucoup d'habitudes communes ; ils se tiennent également dans l'eau, ils vont également à terre; ils montent de même sur les glaçons; ils élèvent de même leurs petits; ils se nourrissent des mêmes aliments; ils vivent de même en société, et voyagent en grand nombre : mais l'espèce du morse ne varie pas autant que celle du phoque : il paraît qu'il ne va pas si loin, qu'il est plus attaché à son climat, et que l'on en trouve très-rarement ailleurs que dans les mers du Nord : aussi le phoque était connu des anciens, et le morse ne l'était pas.

La plupart des voyageurs qui ont fréquenté les mers septentrionales de l'Asie, de l'Europe et de l'Amérique, ont fait mention de cet animal : mais Zorgdrager nous paraît être celui qui en parle avec le plus de connaissance; et j'ai cru devoir présenter ici la traduction et l'extrait de cet article de son ouvrage, qui m'a été communiqué par M. le marquis de Montmirail.

« On trouvait autrefois dans la baie d'Horisont et dans celle de Klock beaucoup de morses et de phoques; mais aujourd'hui il en reste fort peu... Les uns et les autres se rendent, dans les grandes chaleurs de l'été, dans les plaines qui en sont voisines, et on en voit quelquefois des troupeaux de quatre-vingts, cent, et jusqu'à deux cents, particulièrement des morses, qui peuvent y rester quelques jours de suite, et jusqu'à ce que la faim les ramène à la mer. Ces animaux ressemblent beaucoup, à l'extérieur, aux phoques; mais ils sont plus forts et plus gros. Ils ont cinq doigts aux pattes, comme les phoques; mais leurs ongles sont plus courts, et leur tête plus épaisse, plus ronde et plus forte. La peau du morse, principalement vers le cou, est épaisse d'un pouce, ridée et couverte d'un poil très-court de différentes couleurs. Sa mâchoire supérieure est armée de deux dents d'une demi-aune ou d'une aune de longueur ; ses défenses, qui sont creuses à la racine, deviennent encore plus grandes à mesure que l'animal vieillit ; on en voit quelquefois qui n'en ont qu'une, parce qu'ils ont perdu l'autre en se battant, ou seulement en vieillissant. Cet ivoire est ordinairement plus cher que celui de l'éléphant, parce qu'il est plus compacte et plus dur. La bouche du morse ressemble à celle d'un bœuf ; elle est garnie en haut et en bas de poils creux, pointus, et de l'épaisseur d'un tuyau de paille ; au-dessous de la bouche, il y a deux naseaux, desquels ces animaux soufflent de l'eau, comme la baleine, sans cependant faire beaucoup de bruit. Leurs yeux sont étincelants, rouges et enflammés, pendant les chaleurs de l'été ; et, comme ils ne peuvent souffrir alors l'impression que l'eau fait sur les yeux, ils se tiennent plus volontiers dans les plaines en été que dans tout autre temps... On voit beaucoup de morses vers le Spitzberg... On les tue sur terre avec des lances... On les chasse pour le profit qu'on tire de leurs dents et de leur graisse ; l'huile en est presque aussi estimée que celle de la baleine. Leurs deux dents valent autant que toute leur graisse : l'intérieur de ces dents a plus de valeur que l'ivoire, surtout dans les grosses dents, qui sont d'une substance plus compacte et plus dure que les petites. Si l'on vend un florin la livre de l'ivoire des petites dents, celui des grosses se vend trois ou quatre, et souvent cinq florins. Une dent médiocre pèse trois livres..., et un morse ordinaire fournit une demi-tonne d'huile. Ainsi l'animal entier produit trente-six florins ; savoir, dix-huit pour ses deux dents, à trois florins la livre, et autant pour sa graisse. Autrefois on trouvait de grands troupeaux de ces animaux sur terre; mais nos vaisseaux, qui vont tous les ans dans ces pays pour la pêche de la baleine, les ont tellement épouvantés, qu'ils se sont retirés dans les lieux écartés, et que ceux qui y restent ne vont plus sur la terre en troupes, mais demeurent dans l'eau ou dispersés çà et là sur les glaces. Lorsqu'on a joint un de ces animaux sur la glace ou dans l'eau, on lui jette un harpon fort et fait exprès, et souvent ce harpon glisse sur sa peau dure et épaisse; mais, lorsqu'il a pénétré, on tire l'animal avec un câble vers le timon de la chaloupe, et on le tue en le perçant avec une forte lance faite exprès; on l'amène ensuite sur la terre la plus voisine ou sur un glaçon plat : il est ordinairement plus pesant qu'un bœuf. On commence par l'écorcher, et on jette sa peau, parce qu'elle n'est bonne à rien; on sépare de la tête avec une hache les deux dents, ou l'on coupe la tête pour ne pas endommager les dents, et on la fait bouillir dans une chaudière; après cela on coupe la graisse en longues tranches, et on la porte au vaisseau. Les morses sont aussi difficiles à suivre à force de rames que les baleines, et on lance souvent en vain le harpon, parce qu'outre que la baleine est plus aisée à toucher, le harpon ne glisse pas aussi facilement dessus que sur le morse. On l'atteint souvent par trois fois avec une lance forte et bien aiguisée, avant de pouvoir percer sa peau dure et épaisse; c'est pourquoi il est nécessaire de chercher à frapper sur un endroit où la peau soit bien tendue, parce que partout où elle prête, on la percerait difficilement; en conséquence, on vise avec la lance les yeux de l'animal, qui, forcé par ce mouvement de tourner la tête, fait tendre la peau vers la poitrine ou aux environs : alors on porte le coup dans cette partie, et on retire la lance au plus vite, pour empêcher qu'il ne la prenne dans sa gueule, et qu'il ne blesse celui qui l'attaque, soit avec l'extrémité de ses dents, soit avec la lance même, comme cela est arrivé quelquefois. Cependant cette attaque sur un petit glaçon ne dure jamais longtemps, parce que le morse, blessé ou non, se jette aussitôt dans l'eau, et par conséquent on préfère de l'attaquer sur terre... Mais on ne trouve ces animaux que dans des endroits peu fréquentés, comme dans l'île de Moffen derrière le Worland, dans les terres qui environnent les baies d'Horisont et de Klock, et ailleurs dans les plaines fort écartées et sur des bancs de sable, dont les vaisseaux n'approchent que très-rarement ; ceux même qu'on y rencontre, instruits par les persécutions qu'ils ont essuyées, sont tellement sur leurs gardes, qu'ils se tiennent tous assez près de l'eau pour pouvoir s'y précipiter promptement. J'en ai fait moi-même l'expérience sur le grand banc de sable de Rif derrière le Worland, où je rencontrai une troupe de trente ou quarante de ces animaux, les uns étaient tout au bord de l'eau, les autres n'en étaient que peu éloignés. Nous nous arrêtâmes quelques heures avant de mettre pied à terre, dans l'espérance qu'ils s'engageraient un peu plus avant dans la plaine, et comptant nous en approcher ; mais, comme cela ne nous réussit pas, les morses s'étant toujours tenus sur leurs gardes, nous abordâmes avec deux chaloupes, en les dépassant à droite et à gauche ; ils furent presque tous dans l'eau au moment où nous arrivions à terre, de sorte que notre chasse se réduisit à en blesser quelques-uns, qui se jetèrent dans la mer, de même que ceux qui n'avaient pas été touchés, et nous n'eûmes que ceux que nous tirâmes de nouveau dans l'eau... Anciennement et avant d'avoir été persécutés, les morses s'avançaient fort avant dans les terres; de sorte que, dans les hautes marées, ils étaient assez loin de l'eau, et que, dans le temps de basse mer, la distance étant encore beaucoup plus grande, on les abordait aisément... On marchait de front vers ces animaux pour leur couper la retraite du côté de la mer; ils voyaient tous ces préparatifs sans aucune crainte, et souvent chaque chasseur en tuait un avant qu'il pût regagner l'eau. On faisait une barrière de leur cadavre; et on laissait quelques gens à l'affût pour assommer ceux qui restaient; on en tuait quelquefois trois ou quatre cents... On voit, par la prodigieuse quantité d'ossements de ces animaux dont la terre est jonchée, qu'ils ont été autrefois très-nombreux... Quand ils sont blessés il deviennent furieux, frappant de côté et d'autre avec leurs dents; ils brisent les armes ou les font tomber des mains de ceux qui les attaquent, et à la fin, enragés de colère, ils mettent leur tête entre leurs pattes ou nageoires, et se laissent ainsi rouler dans l'eau... Quand ils sont en grand nombre, ils deviennent si audacieux, que, pour se secourir les uns les autres, ils entourent les chaloupes, cherchant à les percer avec leurs dents, ou à les renverser en frappant contre le bord... Au reste, cet éléphant de mer, avant de connaître les hommes, ne craignait aucun ennemi, parce qu'il avait su dompter les ours cruels qui se tiennent dans le Groënland, qu'on peut mettre au nombre des voleurs de mer. »

Il paraît que l'espèce en était autrefois beaucoup plus répandue qu'elle ne l'est aujourd'hui ; on la trouvait dans les mers des zones tempérées, dans le golfe du Canada, sur les côtés de la Nouvelle-Écosse, etc. ; mais elle est maintenant confinée dans les mers arctiques : on ne trouve des morses que dans cette zone froide, et même il y en a peu dans les endroits fréquentés, peu dans la mer Glaciale de l'Europe, et encore assez peu dans celles du Groënland, du détroit de Davis, et des autres parties du nord de l'Amérique, parce qu'à l'occasion de la pêche de la baleine, on les a depuis longtemps inquiétés et chassés.

Nous ajouterons ici quelques observations que M. Crantz a faites sur cet animal dans son voyage au Groënland.

« Un de ces morses, dit-il, avait dix-huit pieds de longueur, et à peu près autant de circonférence dans sa plus grande épaisseur : sa peau n'était pas unie, mais ridée par tout le corps, et plus encore autour du cou ; sa graisse était blanche et ferme comme du lard, épaisse d'environ trois pouces ; la figure de sa tête était ovale ; la bouche était si étroite, qu'on pouvait à peine y faire entrer le doigt ; la lèvre inférieure est triangulaire, terminée en pointe, un peu avancée entre les deux longues défenses qui partent de la mâchoire supérieure ; sur les deux lèvres, et de chaque côté du nez, on voit une peau spongieuse, d'où sortent des moustaches d'un poil épais et rude, longues de six ou sept pouces, tressées comme une corde à trois brins, ce qui donne à cet animal une sorte de majesté hideuse. Il se nourrit principalement de moules et d'algue marine. Les défenses avaient vingt-sept pouces de longueur, dont sept pouces étaient cachés dans l'épaisseur de la peau et dans les alvéoles qui s'étendent jusqu'au crâne : chaque défense pesait quatre livres et demie, et le crâne entier vingt-quatre livres. »

Selon le voyageur Kracheninnikow, les morses, qu'il appelle *chevaux marins*, n'entrent pas, comme les phoques, dans les eaux douces, et ne remontent par les rivières.

« On voit peu de ces animaux, dit-il, dans les environs de Kamtschatka ; et, si l'on en trouve, ce n'est que dans les mers qui sont au nord : on en prend beaucoup auprès du cap *Tchukotskoi*, où ils sont plus gros et plus nombreux que partout ailleurs. Le prix de leurs dents dépend de leur grandeur et de leur poids : les plus chères sont celles qui pèsent vingt livres, mais elles sont fort rares ; on en voit même peu qui pèsent dix à douze livres, leur poids ordinaire n'étant que de cinq ou six livres. »

Frédéric Martens avait déjà observé quelques-unes des habitudes naturelles de ces animaux ; il assure qu'ils sont forts et courageux, et qu'ils se défendent les uns les autres avec une résolution extraordinaire. « Lorsque j'en blessais un, dit-il, les autres s'assemblaient autour du bateau, et le perçaient à coups de défenses ; d'autres s'élevaient hors de l'eau, et faisaient tout leur possible pour s'élancer dedans. Nous en tuâmes plusieurs centaines à l'île du *Muff*..., et l'on se contente ordinairement d'en emporter la tête pour arracher les défenses. »

Ces animaux, comme l'on sait, vont en très-grandes troupes, et ils étaient autrefois en quantité presque innombrable dans plusieurs endroits des mers septentrionales. M. Gmelin rapporte qu'en 1705 et 1706 les Anglais en tuèrent, à l'île de Cherry, sept à huit cents en six heures; qu'en 1708, ils en tuèrent en sept heures neuf cents, et en 1710, en une journée, huit cents. « On trouve, dit-il, les dents de ces animaux sur les bas bords de la mer; et il y a apparence que ces dents viennent de ceux qui meurent : on trouve en grand nombre de ces dents du côté des Tschutschis, où ces peuples les ramassent en monceaux pour en faire des outils. »

On voit par les relations de tous les voyageurs qui ont fréquenté les mers du Nord, qu'on a fait une énorme destruction de ces grands animaux, et que l'espèce en est actuellement bien moins nombreuse qu'elle ne l'était jadis; ils se sont retirés vers le nord et dans les lieux les moins fréquentés par les pêcheurs, qui n'en rencontrent plus dans les mêmes endroits où ils étaient anciennement en si grand nombre : nous avons vu qu'il en est à peu près de même des phoques et de tous ces amphibies marins, dont le naturel les porte à se réunir en troupeaux et former une espèce de société; l'homme a rompu toutes ces sociétés, et la plupart de ces animaux vivent actuellement dans un état de dispersion, et ne peuvent se rassembler qu'auprès des terres désertes et inconnues.

LE DUGON

DUGONG INDICUS (LAC.)

Le dugon est un animal de la mer de l'Afrique et des Indes Orientales, duquel nous n'avons vu que deux têtes décharnées ou tronquées, et qui, par cette partie, ressembla plus au morse qu'à tout autre animal : sa tête est à peu près déformée de la même manière par la profondeur des alvéoles, d'où naissent à la mâchoire supérieure deux dents longues d'un demi-pied; ces dents sont plutôt de grandes incisives que des défenses; elles ne s'étendent pas directement hors de la gueule comme celles du morse; elles sont beaucoup plus courtes et plus minces; et d'ailleurs elles sont situées au-devant de la mâchoire, et tout près l'une de l'autre, comme des dents incisives, au lieu que les défenses du morse laissent entre elles un intervalle considérable, et ne sont pas situées à la pointe, mais à côté de la mâchoire supérieure. Les dents mâchelières du dugon diffèrent aussi, tant pour le nombre que pour la position et la forme des dents du morse : ainsi nous ne doutons pas que ce ne soit un animal d'espèce différente. Quelques voyageurs qui en ont parlé l'ont confondu avec le lion marin. Inigo de Biervillas dit qu'on tua, près du cap de Bonne-Espérance, un lion marin qui avait dix pieds de longueur et quatre de grosseur, la tête comme celle d'un veau d'un an, de gros yeux affreux, les oreilles courtes avec une barbe hérissée, les pieds fort larges, et les jambes si courtes, que le ventre touchait à terre; et il ajoute qu'on emporta les deux défenses, qui sortaient d'un demi-pied hors de la gueule : ce dernier caractère ne convient point au lion marin, qui n'a point de défenses, mais des dents semblables à celles du phoque; et c'est ce qui m'a fait juger que ce n'était point un lion marin, mais l'animal auquel nous donnons le nom de *dugon*. D'autres voyageurs me paraissent l'avoir indiqué sous la dénomination d'*ours marin*.

LE LAMANTIN

MANATUS ÆQUATORIALIS (LAC.)

Dans le règne animal, c'est ici que finissent les peuples de la terre et que commencent les peuplades de la mer. Le lamantin, qui n'est plus quadrupède, n'est pas entièrement cétacé ; il retient des premiers deux pieds ou plutôt deux mains : mais les jambes de derrière, qui, dans les phoques et les morses, sont presque entièrement engagées dans le corps, et raccourcies autant qu'il est possible, se trouvent absolument nulles et oblitérées dans le lamantin ; au lieu de deux pieds courts et d'une queue étroite encore plus courte, que les morses portent à leur arrière dans une direction horizontale, les lamantins n'ont pour tout cela qu'une grosse queue, qui s'élargit en éventail dans cette même direction, en sorte qu'au premier coup d'œil il semblerait que les premiers auraient une queue divisée en trois ; et que, dans les derniers, ces trois parties se seraient réunies pour n'en former qu'une seule : mais, par une inspection plus attentive, et surtout par la dissection, l'on voit qu'il ne s'est point fait de réunion, qu'il n'y a nul vestige des os des cuisses et des jambes, et que ceux qui forment la queue des lamantins sont de simples vertèbres isolées, et semblables à celles des cétacés qui n'ont point de pieds. Ainsi ces animaux sont cétacés par ces parties de l'arrière de leur corps, et ne tiennent plus aux quadrupèdes que par les deux pieds ou deux mains qui sont en avant à côté de leur poitrine. Oviedo me paraît être le premier auteur qui ait donné une espèce d'histoire et de description du lamantin. « On le trouve assez fréquemment, dit-il, sur les côtes de Saint-Domingue : c'est un très-gros animal, d'une figure informe, qui a la tête plus grosse que celle d'un bœuf, les yeux petits, deux pieds ou deux mains près de la tête, qui lui servent à nager; il n'a point d'écailles, mais il est couvert d'une peau ou plutôt d'un cuir épais. C'est un animal fort doux. Il remonte les fleuves et mange les herbes du rivage, auxquelles il peut atteindre sans sortir de l'eau. Il nage à la surface; pour le prendre, on tâche de s'en approcher sur une nacelle ou un radeau, et on lui lance une grosse flèche attachée à un très-long cordeau; dès qu'il se sent frappé, il s'enfuit, emporte avec lui la flèche et le cordeau, à l'extrémité duquel on a soin d'attacher un gros morceau de liége ou de bois léger, pour servir de bouée ou de renseignement. Lorsque l'animal a perdu par cette blessure son sang et ses forces, il gagne la terre : alors on reprend l'extrémité du cordeau, on le roule jusqu'à ce qu'il n'en reste plus que quelques brasses; et, à l'aide de la vague, on tire peu à peu l'animal vers le bord ou bien on achève de le tuer dans l'eau à coups de lance. Il est si pesant, qu'il faut une voiture attelée de deux bœufs pour le transporter. Sa chair est excellente; et, quand elle est fraîche, on la mangerait plutôt comme du bœuf que comme du poisson : en la découpant et la faisant sécher et mariner, elle prend, avec le temps, le goût de la chair du thon, et elle est encore meilleure. Il y a de ces animaux qui ont plus de quinze pieds de longueur sur six pieds d'épaisseur. La partie de l'arrière du corps est beaucoup plus menue, et va toujours en diminuant jusqu'à la queue, qui ensuite s'élargit à son extrémité. Comme les Espagnols, ajoute Oviedo, donnent le nom de mains aux pieds de devant de tous les quadrupèdes, et comme cet animal n'a que des pieds de devant, ils lui ont donné la dénomination d'animal à mains, *manati*. Il n'a point d'oreilles externes, mais seulement deux trous par lesquels il entend. Sa peau n'a que quelques poils assez rares; elle est d'un gris cendré, et de l'épaisseur d'un pouce; on en fait des semelles de souliers, des baudriers, etc.

Le P. Magnin de Fribourg dit que le lamantin mange l'herbe qu'il peut atteindre, sans cependant sortir de l'eau; qu'il a les yeux petits et de la grosseur d'une noisette, les oreilles si fermées, qu'à peine il y peut entrer une aiguille; qu'au dedans des oreilles se trouvent deux petits os percés; que les Indiens ont coutume de porter ces petits os pendus au cou comme un bijou, et que son cri ressemble à un petit mugissement.

On a aussi donné au lamantin le nom de *vache marine*, parce qu'on a cru trouver dans la forme extérieure de sa tête quelques rapports avec celle du bœuf, et que d'ailleurs il se nourrit aussi d'herbes; plusieurs voyageurs l'ont même appelé *sirène*, et c'est peut-être en effet la véritable sirène des anciens, qui a donné lieu à tant de contes et de récits fabuleux.

Nous avons dit que la nature semble avoir formé les lamantins pour faire la nuance entre les quadrupèdes amphibies et les cétacés : ces êtres mitoyens, placés au delà des limites de chaque classe, nous paraissent imparfaits, quoiqu'ils ne soient qu'extraordinaires et anormaux ; car, en les considérant avec attention, l'on s'aperçoit bientôt qu'ils possèdent tout ce qui leur était nécessaire pour remplir la place qu'ils doivent occuper dans la chaîne des êtres.

Aussi les lamantins, quoique informes à l'extérieur, sont à l'intérieur très-bien organisés; et, si l'on peut juger de la perfection d'organisation par le résultat du sentiment, ces animaux seront peut-être plus parfaits que les autres à l'intérieur, car leur naturel et leurs mœurs semblent tenir quelque chose de l'intelligence et des qualités sociales; ils ne craignent pas l'aspect de l'homme, ils affectent même de s'en approcher et de le suivre avec confiance et sécurité. Cet instinct pour toute société est au plus haut degré pour celle de leurs semblables; ils se tiennent presque toujours en troupes et serrés les uns contre les autres avec leurs petits au milieu d'eux, comme pour les préserver de tout accident : tous se prêtent, dans le danger, des secours mutuels; on en a vu essayer d'arracher le harpon du corps de leurs compagnons blessés, et souvent l'on voit les petits suivre de près le cadavre de leurs mères jusqu'au rivage, où les pêcheurs les amènent en les tirant avec des cordes.

Ces animaux ne se trouvent pas dans les hautes mers à une grande distance des terres : ils habitent au voisinage des côtes et des îles, et particulièrement sur les plages qui produisent les *fucus* et les autres herbes marines dont ils se nourrissent : leur chair et leur graisse sont également bonnes à manger, et c'est par cette raison qu'on leur fait une guerre cruelle, et que l'espèce en est diminuée sur la plupart des côtes où les hommes se sont habitués en nombre.

Le grand lamantin du Kamtschatka manque absolument de doigts et d'ongles dans les deux mains ou nageoires : il manque aussi de dents, et n'a dans chaque mâchoire qu'un os fort et robuste qui lui sert à broyer les aliments : au contraire, les lamantins d'Amérique et d'Afrique ont des doigts et des ongles, et des dents molaires dans le fond de la gueule.

LE GRAND LAMANTIN DU KAMTSCHATKA

MANATUS BOREALIS (LAC.) — RYTINA BOREALIS (ILIG.)

Cette espèce se trouve en assez grand nombre dans les mers orientales au delà du Kamtschatka, surtout aux environs de l'île de Behring, où M. Steller en a décrit et même disséqué quelques individus. Ce grand lamantin paraît aimer les plages vaseuses des bords de la mer : il se tient aussi volontiers à l'embouchure des rivières : mais il ne les remonte pas pour se nourrir de l'herbe qui croît sur leurs bords, car il habite constamment les eaux salées ou saumâtres. Il diffère donc, à cet égard, du petit lamantin de la Guyane et de celui du Sénégal, comme il en diffère aussi par la grandeur du corps. Ses mains ou bras ne peuvent lui servir à marcher sur la terre, et ne lui sont utiles que pour nager. « J'ai vu, dit M. Steller, au reflux de la marée, un de ces animaux à sec ; il lui fut impossible de se mouvoir pour regagner le rivage, et on le tua sur la plage à coup de haches et de perches. »

Ces grands lamantins que l'on voit en troupes autour de l'île de Behring sont si peu farouches qu'ils se laissent approcher et toucher avec la main : ils veillent si peu à leur sûreté, qu'aucun danger ne les émeut, et qu'à peine lèvent-ils la tête hors de l'eau lorsqu'ils sont menacés ou frappés, surtout dans le temps qu'ils prennent leur nourriture ; il faut les frapper très-rudement pour qu'ils prennent le parti de s'éloigner : mais, un moment après, on les voit revenir au même lieu, et ils semblent avoir oublié le mauvais traitement qu'ils viennent d'essuyer ; et, si la plu-

part des voyageurs ne disaient pas à peu près la même chose des autres espèces de lamantins, on croirait que ceux-ci ne sont si confiants et si peu sauvages autour de l'île déserte de Behring, que parce que l'expérience ne leur a pas encore appris ce qu'il en coûte à tous ceux qui se familiarisent avec l'homme.

On harponne les lamantins d'autant plus aisément, qu'ils ne s'enfoncent presque jamais en entier sous l'eau : mais il est plus aisé d'avoir les adultes que les petits ou les jeunes, parce que ces derniers nagent beaucoup plus vite, et ue souvent ils s'échappent en laissant le harpon teint de leur sang ou chargé de leur chair. Le harpon, dont la pointe est de fer, est attaché à une longue corde, quatre ou cinq hommes se mettent sur une barque; le premier qui est en avant, tient et lance le harpon; et lorsqu'il a frappé et percé le lamantin, vingt-cinq ou trente hommes qui tiennent l'extrémité de la corde sur le rivage tâchent de le tirer à terre; ceux qui sont sur la barque tiennent aussi une corde qui est attachée à la première, et ils ne cessent de tirer l'animal jusqu'à ce qu'il soit tout à fait hors de l'eau.

Le lamantin rend beaucoup de sang par ses blessures; « et j'ai remarqué, dit M. Steller, que le sang jaillissait comme une fontaine, et qu'il s'arrêtait dès que l'animal avait la tête plongée dans l'eau; mais que le jet se renouvelait toutes les fois qu'il l'élevait au-dessus pour respirer: d'où j'ai conclu que, dans ces animaux, comme dans les phoques, le sang avait une double voie de circulation; savoir, sous l'eau, par le trou ovale du cœur, et dans l'air, par le poumon. »

On a compté soixante vertèbres dans le lamantin, et la queue commence à la vingt-sixième, et continue par trente-cinq autres; en sorte que le tronc du corps n'e a que vingt-cinq. Le lamantin des Antilles en a cinquante-deux, depuis le cou jusqu'à l'extrémité de la queue.

LE GRAND LAMANTIN DES ANTILLES

MANATUS AUSTRALIS (LAC.)

Nous appelons cette espèce *le grand lamantin des Antilles*, parce qu'elle paraît se trouver encore aujourd'hui aux environs de ces îles, quoiqu'elle y soit néanmoins devenue rare depuis qu'elles sont bien peuplées. Ce lamantin diffère de celui de Kamtschatka par les caractères suivants : la peau rude et épaisse n'est pas absolument nue, mais parsemée de quelques poils qui sont de couleur d'ardoise, ainsi que la peau ; il y a dans les mains cinq ongles apparents, assez semblables à ceux de l'homme ; ces ongles sont fort courts ; il a de plus non-seulement une callosité osseuse au devant de chaque mâchoire, mais encore trente-deux dents molaires au fond de la gueule : et, au contraire, il paraît certain que, dans le lamantin de Kamtschatka, la peau est absolument dénuée de poil, les mains sans phalanges ni doigts ni ongles, et les mâchoires sans dents. Toutes ces différences sont plus que suffisantes pour en faire deux espèces distinctes et séparées. Ces lamantins sont d'ailleurs très-différents par les proportions et par la grandeur du corps. Celui des Antilles est moins grand que celui de Kamtschatka ; il a aussi le corps moins épais : sa longueur n'est que de douze, quatorze, quinze, dix-huit, et rarement de vingt pieds, à moins qu'il ne soit très-âgé. Celui qui est décrit dans le *Nouveau Voyage aux îles de l'Amérique*, imprimé à Paris en 1722, n'avait que huit pieds de circonférence sur quatorze de longueur, tandis que le lamantin de Kamtschatka dont nous venons de parler avait environ dix-huit pieds de circonférence et vingt-trois pieds quelques pouces de longueur. Malgré toutes ces différences, ces deux espèces de lamantins se ressemblent par tout le reste de leur conformation : ils ont aussi les mêmes habitudes naturelles ; tous deux également aiment la société de leur espèce, et sont d'un naturel doux, tranquille et confiant ; ils semblent ne pas craindre la présence de l'homme.

On voit les lamantins des Antilles toujours en troupes dans le voisinage des côtes, et quelquefois aux embouchures des rivières ; et c'est probablement ce qui a fait dire à Oviedo et à Gomara qu'ils fréquentaient aussi bien les eaux des fleuves que celles de la mer : cependant ce fait ne paraît vrai que pour le petit lamantin ; et il paraît certain que les grands lamantins des Antilles, non plus que ceux de Kamtschatka, ne remontent point les rivières, et se tiennent toujours dans les eaux salées et saumâtres.

Le grand lamantin des Antilles a, comme celui de Kamtschatka, le cou fort court, le corps très-gros et très-épais jusqu'à l'endroit où commence la queue. Tous deux ont encore les yeux fort petits, et de très-petits trous au lieu d'oreilles : tous deux se nourrissent de *fucus* et d'autres herbes qui croissent dans la mer ; et leur chair et leur graisse, lorsqu'ils ne sont pas trop vieux, sont également bonnes à manger.

ADDITION A L'ARTICLE DU LAMANTIN

LE LAMANTIN APPRIVOISÉ

Gomara raconte qu'un cacique nourrissait un lamantin dans un petit lac des Gonaïves, où cet animal est en effet plus commun que dans aucun autre. Il l'avait rendu si familier, qu'en l'appelant il le faisait venir à lui. Il le chargeait sur le dos de tout ce qu'il voulait, et le lamantin portait facilement son fardeau jusqu'à l'autre bord. Un Espagnol s'avisa de l'appeler un jour, et le blessa d'un coup de fouet. Cet accident le rendit si circonspect, qu'il n'approchait plus de la rive sans avoir bien examiné si celui qui l'appelait était indien ou non, ce qu'il reconnaissait à la barbe. Enfin il disparut tout à fait après une grande crue d'eau qui l'entraîna peut-être à la mer, avec laquelle le lac communique.

(*Histoire des Voyages.*)

TABLE DES MATIÈRES

Paris. — Imp. A. Rigaud, Grande-Rue, 31, à Montrouge.

www.ingramcontent.com/pod-product-compliance
Ingram Content Group UK Ltd.
Pitfield, Milton Keynes, MK11 3LW, UK
UKHW012228240726
13966UKWH00003B/996